职业教育"十三五"改革创新规划教材

数控车削编程与加工技能训练

龙卫平 主 编

郑如祥 赵荣欢 副主编

清华大学出版社
北京

内 容 简 介

本书依据教育部 2014 年颁布的《中等职业学校数控技术应用专业教学标准》并参照相关的国家职业技能标准编写而成。

本书主要内容包括较复杂零件的毛坯装夹与定位,刀具选择与安装,坐标计算,走刀路线确定,精度控制等工艺,G04、G32、G72、G73、G75、G92、G94、G97 等基本指令的含义,并综合运用这些基本指令进行编程加工出内外圆柱面、内外圆锥面、内外圆弧面、内外螺纹表面、内外沟槽表面等较复杂零件。经过本书的学习后,学生能够达到中级工技能水平。

本书可作为中等职业学校机械类专业教材,也可作为数控车床操作技术人员的岗位培训用书。

图书在版编目(CIP)数据

数控车削编程与加工技能训练/龙卫平主编. —北京:清华大学出版社,2017(2023.8重印)
(职业教育"十三五"改革创新规划教材)
ISBN 978-7-302-45363-5

Ⅰ. ①数… Ⅱ. ①龙… Ⅲ. ①数控机床—车床—车削—程序设计—中等专业学校—教材 ②数控机床—车床—车削—加工—中等专业学校—教材 Ⅳ. ①TG519.1

中国版本图书馆 CIP 数据核字(2016)第 260830 号

责任编辑:刘士平
封面设计:傅瑞学
责任校对:袁　芳
责任印制:沈　露

出版发行:清华大学出版社
　　　　网　　　址:http://www.tup.com.cn,http://www.wqbook.com
　　　　地　　　址:北京清华大学学研大厦 A 座　　　　邮　　编:100084
　　　　社 总 机:010-83470000　　　　邮　　购:010-62786544
　　　　投稿与读者服务:010-62776969,c-service@tup.tsinghua.edu.cn
　　　　质量反馈:010-62772015,zhiliang@tup.tsinghua.edu.cn
　　　　课件下载:http://www.tup.com.cn,010-62770175-4278
印 装 者:天津鑫丰华印务有限公司
经　　销:全国新华书店
开　　本:185mm×260mm　　　　印　　张:13　　　　字　　数:296 千字
版　　次:2017 年 5 月第 1 版　　　　印　　次:2023 年 8 月第 4 次印刷
定　　价:39.50 元

产品编号:072563-02

FOREWORD 前言

本书依据教育部 2014 年颁布的《中等职业学校数控技术应用专业教学标准》并参照相关的国家职业技能标准编写而成。通过本书的学习,可以使学生达到数控车床加工中级技能水平。本书在编写过程中,本着科学严谨、务实创新的原则,在吸取企业技术师傅和技能竞赛优秀指导教师经验基础上,紧密结合专业技能学习规律和职业学校学生心理特点,以行动为导向,工作任务为载体,理论学习与技能训练相结合、技能训练与职业资格考证相衔接、技能训练与游戏挑战相融合的编写思路。

本书在编写模式上进行了大胆创新,采用"专业技能课游戏闯关法"编写,反映当前职业学校教学改革的新成果、新理念。既关注了技能训练内容的合理性和实用性,又关注了学生技能训练的主动性和积极性,主要特点如下。

1. 遵循专业技能课的学习规律

专业技能课的特点在于其实践性、应用性、操作性、探究性。

(1) 本书遵循专业技能课"工学结合,知行合一"的教学理念,摆脱了繁重的理论知识学习,直接进行操作训练,凸显了"做中学,做中教,教、学、做一体,理论与实践一体"的特点。"知行合一"是本书特色之一。

(2) 本书遵循专业技能课"项目教学"的先进教学理念,采用以行动为导向,以项目为载体,以特定工作任务为引领的教学思路进行编写,并融入"游戏闯关"的竞争机制,实施了游戏闯关项目教学法。在遵循"资讯→计划→决策→实施→检查→评估"等一般项目教学基础上,增加了"闯关"环节。每个任务学习包括任务描述、任务目标、任务分析、知识加油站、任务实施、任务评价、任务总结、闯关考试等环节,通过任务学习和闯关磨炼使学生掌握知识和技能,并构建自己的实践经验、知识体系和职业能力。"闯关考试"是本书特色之一。

(3) 本书遵循专业技能课学习规律,在知识和技能必备及够用的原则下,按照课程教学目标和实际岗位要求设置内容,删除一些不必要繁杂的知识点,紧密对接职业标准,对接生产过程,由浅入深,由简到繁,由易到难,环环相扣,层层递进,做一点学一点,学一点会一点。同时,在编写过程中特别考虑节约、品质和趣味。"毛坯重复利用"是本书特色之一。

(4) 本书改变传统的"先理论后实操"模式,采用"先做后学和边做边学"模式,学生在操作过程中遇到不会"做"的问题,进入"知识加油站"寻找解决问题的办法,体现了技能学习自我探究、自我构建的先进理念。"自我探究"是本书特色之一。

2. 关注职业学校学生的心理特点

职业学校学生正处于青春年少的阶段,他们大多数具有好奇、好斗、好胜、好表现的心理特点,他们有一种初生牛犊不怕虎,凡事要分胜负、拼高低的心理特征。

(1) 本书采用游戏闯关项目教学法,很好地利用了学生这个心理特点。游戏闯关项目教学法是一种以学生为主体、以行动导向为理念、学习与趣味融为一体的创新有趣的项目教学法。通过游戏中的项目、项目中的游戏来激发学生的学习兴趣,调动学生的学习积极性和主动性,提高学生的专业技能。游戏闯关项目教学的特点:①设置进步的"级别"。游戏闯关教学的每一个项目(任务)就是一个挑战关卡,每一个关卡就有一个相对应游戏"级别"。②关注学生体验与感受。游戏闯关项目教学能让学生经常体验到闯关成功的喜悦,感受到学习的乐趣,得到教师更多的认可和表扬。③改变学生学习状态。游戏闯关项目教学实际上是一种充满刺激、充满挑战的"学习型升级游戏",是一种"玩中学,学中玩"的快乐学习。这种学习少了苦闷,多了快乐,变苦学为乐学,就像叶澜教授所说那样,"我们应该让孩子们投入学习,在学习中感到快乐,找到自己希望的东西",这就是教育所追求的最高境界——享受学习。④提升学生学习动力。游戏闯关项目教学的每个项目结束后,对闯关成功的学生来说因升"级"而感到无比自豪,这种自豪成为其再次闯关的动力;对闯关不成功的学生来说因"落后"而感到无形压力,这种压力成为其继续挑战的动力。

(2) 本书体现"学生本位"的教学理念。游戏闯关项目教学是一种以行动为导向、以游戏难关为引领、以学生为中心的教学方法,它更多地尊重学生主体,鼓励学生主动参与挑战,使他们从"被动完成任务"向"主动地创造性完成任务"。学生从原来知识的接受者转变为学习活动的主人,成为知识的主动探求者。教师从原来传统教学中的知识传授者转变为知识传递过程的组织者、引导者、促进者、评判者与协调者。

(3) 本书符合职业学校学生的认知规律。本书根据中职学生理论基础差、不爱学理论的特点编写,把有关知识和技能按由浅入深螺旋式上升的原则巧妙地设置成不同级别的"工作任务"。在充分考虑学生接受能力的基础上,尽可能地设计出丰富多彩的趣味性强、学生能接受的难关,它既符合中职学生认知规律,又符合"实践出真知"原则,让学生在高度兴奋中积极主动地完成教学项目或工作学习任务,从而获得技术操作能力。

本书是中等职业学校机械类专业技能核心课程教材。数控车床编程与加工闯关项目教程分为初级和中级两本,共11关,第一本书有学徒入门关、正式学徒关、初级学徒关、中级学徒关、高级学徒关等5关,后面有4个附录。第二本书有员工入门关、蓝领员工关、灰领员工关、粉领员工关、白领员工关、金领员工关6关,后面有4个附录。每关有1~3个任务,只有任务都完成并合格,才能进入下一关的学习。这些关卡包括数控车床加工的基本操作、基本编程、机床保养、工艺安排、典型零件加工等内容。学完两册教材,最终达到国家职业资格数控车床加工中级工技能水平。

本书建议学时为 140 学时,具体学时分配见下表。

项　目	项　目　名　称	学时数
项目 1	槽类零件的加工(员工入门关)	26
项目 2	盘盖类零件的加工(蓝领员工关)	14
项目 3	螺纹类零件的加工(灰领员工关)	18
项目 4	孔类零件的加工(粉领员工关)	20
项目 5	复杂型面零件的加工(白领员工关)	22
项目 6	中级工综合训练题(金领员工关)	40
合　计		140

本书由广东中山市第一中等职业技术学校龙卫平担任主编,中山市第一中等职业技术学校郑如祥、赵荣欢担任副主编,参加编写工作的还有王高满、张浩、吕世国、陈未峰、徐灵敏、高升等。特别感谢龙卫平名师工作室肖祖政、蒋灯等成员协助完成零件样件加工,也感谢中山市第一中等职业技术学校刘彤协助完成操作视频制作。

本书在编写过程中参考了大量的文献资料,在此向文献资料的作者致以诚挚的谢意。由于编者水平有限,书中难免有错误和不妥之处,恳请广大读者批评、指正。了解更多教材信息,请关注微信订阅号:Coibook。

编　者

2016 年 9 月

CONTENTS 目 录

项目 **1**

槽类零件的加工(员工入门关)

本关主要学习内容:了解外圆沟槽类零件的加工方法和加工特点;了解切槽刀的几何尺寸和几何角度,学会选用切槽刀;掌握 G75 的指令编程格式及参数定义,并会运用该指令加工;熟练掌握槽类零件的质量检测。本关有两个学习任务,一个任务是直槽零件加工;另一个任务是 V 型槽零件加工。

任务 1　直槽零件加工

任务描述

本任务工件是加工由 2 个窄槽、1 个宽槽、4 段外圆柱面、2 个端面等组成的直槽零件,如图 1-1-1 所示,按图所标注的尺寸和技术要求完成零件的车削,采用 φ50mm×93mm 的圆棒料为毛坯。

任务目标

(1)掌握 G75、G01 指令加工直槽。

(2)合理选择并安装车外圆沟槽刀或切断刀。

(3)熟记 G04、G75、G01 指令的编程格式及参数含义,理解该指令的含义及用法。

(4)能根据图纸正确制订加工工艺,并进行程序编制与加工。

(5)掌握外圆直槽的检测。

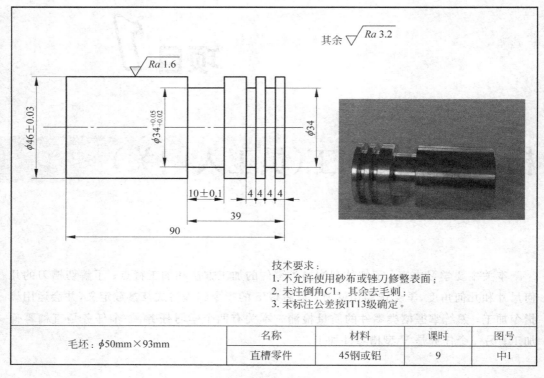

技术要求：
1. 不允许使用砂布或锉刀修整表面；
2. 未注倒角C1，其余去毛刺；
3. 未标注公差按IT13级确定。

毛坯：φ50mm×93mm

名称	材料	课时	图号
直槽零件	45钢或铝	9	中1

图 1-1-1　直槽零件

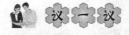

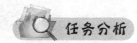 任务分析

对零件图 1-1-1 进行任务分析，填写表 1-1-1。

表 1-1-1　直槽零件加工任务分析表（参考表）

分 析 项 目		分 析 结 果
做什么	1. 结构主要特点	有两个是 4mm 窄槽，一个是(15±0.1)mm 宽槽
	2. 尺寸精度要求	槽1尺寸：4mm×φ34mm，轴向尺寸：4mm。 槽2尺寸：4mm×φ34mm，轴向尺寸：4mm。 槽3尺寸：(15±0.1)mm×φ34mm，轴向尺寸：15mm。 考虑公差的影响，故编程时取其平均值
	3. 毛坯特点	零件的材料为 45 钢或铝，切削加工性能好，不用经过热处理。 毛坯尺寸：φ45mm×93mm
	4. 其他技术要求	不允许使用砂布或锉刀修整表面。 未注倒角 C1，去毛刺。 未标注公差按 IT13 级确定

续表

分 析 项 目		分 析 结 果
怎么做	1. 需要什么量具	25～50mm 外径千分尺。 0～125mm 游标卡尺
	2. 需要什么夹具	使用三爪自定心卡盘装夹
	3. 需要什么刀具	93°外圆刀。 刀宽为 4mm 的切槽刀
	4. 需要什么编程知识	G04、G75、G01 等
	5. 需要什么工艺知识	确定加工顺序及走刀路线
		切削用量选择：$a_p = 4mm$，$S = 500r/min$，$F = 100mm/min$
	6. 其他方面(注意事项)	正确安装车刀和工件；正确对刀。操作时注意遵守操作规程
要完成这个任务	1. 最需要解决的问题是什么	控制好槽的宽度、深度和位置
	2. 最难解决的问题是什么	切槽时,合理选择切削用量

注：为了方便学习,第一次给出参考分析表,后面的任务中由学生自己填写。

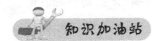

一、沟槽的类型

零件上沟槽按在零件的部位不同可分为外沟槽、内沟槽和端面沟槽等,如图 1-1-2 所示。按沟槽的形状不同可分为直槽、圆弧槽和 V 型槽等,如图 1-1-3 所示。按沟槽宽度大小可分窄槽和宽槽,如图 1-1-4 所示。

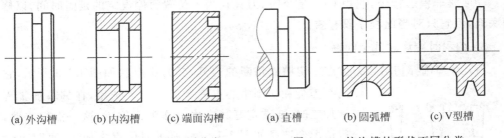

(a) 外沟槽　　(b) 内沟槽　　(c) 端面沟槽　　　　(a) 直槽　　(b) 圆弧槽　　(c) V型槽

图 1-1-2　按沟槽在零件的部位不同分类　　　　图 1-1-3　按沟槽的形状不同分类

二、窄槽及其加工方法

窄槽是指沟槽宽度不大的槽,能采用刀头宽度等于槽宽的车刀一次性车削出来的槽。加工如图 1-1-4(a)所示的窄槽,可以直接使用 G01 或 G94 指令直进切削;对于精度要求

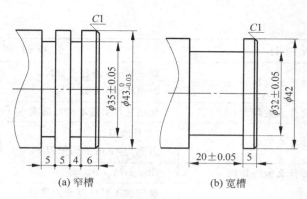

(a) 窄槽　　　　　　　(b) 宽槽

图 1-1-4　按槽宽度大小分类

较高的,切槽到尺寸后,在槽底处用 G04 指令让刀具在槽底停留几秒钟,以便起到修光槽底的作用。

1. 窄槽车削编程指令

(1) 用 G01 切槽

格式:

```
G01 X(U)__ Z(W)__ F__;
```

说明:切槽使用 G01 指令时,必须把 Z 值设定不移动或 W＝0 时,才是切外圆直槽。

(2) 用 G04 延时

格式:

```
G04 X__;
G04 U__;
G04 P__;
```

说明:X、U、P 指定延时时间,X(U)表示延时,单位为秒;P 表示延时,单位为毫秒,1 毫秒＝0.001 秒。

G04 是非模态指令,使用 G04 指令时,刀具在当前位置暂停设定的延时时间,以修光槽底面,但它只对当前程序段有效。

2. 编程时应注意几个问题

(1) 合理选择切槽刀刀位点。切槽或切断的刀具,其刀头形状如图 1-1-5 所示,它有两个刀尖和切削中心点三个刀位点可选用,在编写加工程序和加工时,要选定好其中之一作为刀位点,这一点很重要,一般情况会选择如图 1-1-5(a)所示刀位点来加工,有时也会选择如图 1-1-5(b)、图 1-1-5(c)所示刀位点来加工。

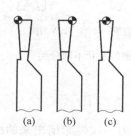

(a)　(b)　(c)

图 1-1-5　切槽刀刀位点

(2) 合理选择切槽刀的退出路线。切深槽时,要特别注意切槽刀的退出路线,如果设置不好可能会造成刀具与零件相碰,如图 1-1-6 所示,引起刀具和零件的损坏。合理的退刀路线如图 1-1-7 所示。

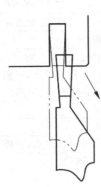
图 1-1-6　切槽刀退出错误的路线

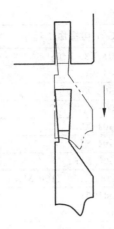
图 1-1-7　切槽刀退出正确的路线

（3）合理选择切槽的切削用量。切槽时,由于受到刀具、排屑、工件刚性、切削力等因素的影响,切槽刀的刀刃宽度不宜太宽,切槽时的切削用量比车外圆的切削用量要小。

3. 窄沟槽加工实例

加工表 1-1-2 中图示的零件,其编程见表 1-1-2。

表 1-1-2　窄沟槽加工实例

编程实例图	刀具及切削用量表		
	刀具	T0101 93° 外圆正偏刀	T0202 4mm 切槽刀
	主轴转速 S	1000r/min	500r/min
	进给量 F	100mm/min	≤40mm/min
	背吃刀量 a_p	<2mm	≤4mm

用 G01 切槽加工程序	程　序　说　明
O2001;	程序号
...	粗、精车外圆和端面
N10 T0202;	调用 02 号切槽刀
N20 M03 S500;	主轴正转,转速为 500r/min
N30 G00 X45 Z−10;	快速移动到切槽下刀点
N40 G01 X35 F40;	G01 直线插补切槽,进给速度 $F=40$mm/min
N50 G04 X1;	在槽底停留 1s
N60 G00 X45;	G00 退出槽位
N70 Z−19;	快速移动到第二条槽下刀点定位

续表

用 G01 切槽加工程序	程 序 说 明
N80 G01 X35 F40；	G01 直线插补切槽，进给速度 $F=40\text{mm/min}$
N90 G04 X1；	在槽底停留 1s
N100 G00 X45；	G00 退出槽位
N110 W—1；	快速移动刀具到下刀点，扩槽
N120 G01 X35；	G01 直线插补切槽，进给速度 $F=40\text{mm/min}$
N130 G04 X1；	槽底停留 1s
N140 G00 X45；	G00 退出槽位
N150 G00 X100 Z100 M05；	快速退刀到安全换刀点，并停主轴
N160 T0100；	调回 1 号刀，取消刀补
N170 M30；	程序结束
％	程序结束符

三、宽沟槽及其加工方法

宽沟槽是指宽度一般大于 1 个或多个切槽刀头宽度的沟槽。加工如图 1-1-5(b)所示的宽槽，必须分几次进刀切削，而且每次切削的轨迹在宽度上应略有重叠，即每次扩宽应小于刀刃宽；并且要留有精加工的余量，最后要精车槽侧和底面。这类沟槽常采用内外切槽循环 G75 指令。

1. 宽沟槽循环车削指令 G75

格式：

G75 R(e)；
G75 X(U)__ Z(W)__ P(Δi)Q(Δk)R(Δd)F __ ;

指令 G75 刀具的移动路线如图 1-1-8 所示。

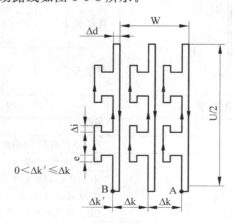

图 1-1-8　G75 指令的加工走刀路线图

说明：

R(e)：每次沿 X 轴方向向切削 Δi 的深度后，向其相反方向的退刀量，可用系统参数设定,用程序指定时,优先执行,该值为模态值。

X、Z:车槽的终点坐标。

U、W:到终点的相对移动量。

Δi:每次切削小循环里沿 X 轴方向切削的移动,半径标量值,无符号,单位为 0.001mm。

Δk:沿 X 轴方向向切削到 X 轴指定的深度后,向 Z 轴方向的偏移扩宽量,一般小于一刀宽,标量,无符号,单位为 0.001mm。

Δd:切削到终点时,向 Z 轴方向的退刀量,通常不作指定,省略则视为 0。

F:指切削进给速度。

2. 宽沟槽加工实例

加工表 1-1-3 中图示的零件,其编程见表 1-1-3。

表 1-1-3 宽沟槽加工实例

编程实例图		刀具及切削用量表	
	刀具	T0101 93° 外圆正偏刀	T0202 4mm 切槽刀
	主轴转速 S	1000r/min	500r/min
	进给量 F	100mm/min	≤40mm/min
	背吃刀量 a_p	<2mm	≤4mm
用 G75 切槽加工程序		程 序 说 明	
O2002;		程序号	
…		粗、精车外圆和端面	
N10 T0202;		调用 02 号切槽刀	
N20 M03 S500;		主轴正转,转速为 500r/min	
N30 G00 X44 Z−9;		快速移动到切槽下刀点,X44mm,Z−9mm	
N40 G75 R2;		切槽回退 2mm	
N50 G75 X32 Z−25 P3000 Q3000 F40;		每次切深 3mm,Z 轴移动 3mm	
N60 G00 X100 M05;		X 轴退刀,主轴停	
N70 Z100;		Z 轴退刀	
N80 T0100;		调回 1 号刀,取消刀补	
N90 M30;		程序结束	
%		程序结束符	

四、外圆沟槽检测

外圆沟槽检测包括检查外圆沟槽的形状、测量外圆沟槽的槽宽、槽深和位置尺寸。

1. 外圆沟槽形状的检查

外圆沟槽形状的检查通常采用样板检查。

2. 外圆沟槽尺寸的测量

（1）精度较低的矩形沟槽可用钢板直尺和外卡钳测量其宽度和直径。

（2）精度较高的矩形沟槽可用千分尺测量槽底直径，如图 1-1-9 所示；可用游标卡尺测量槽宽（见图 1-1-10）和沟槽的位置尺寸（见图 1-1-11）；也可用内测千分尺测量槽宽。

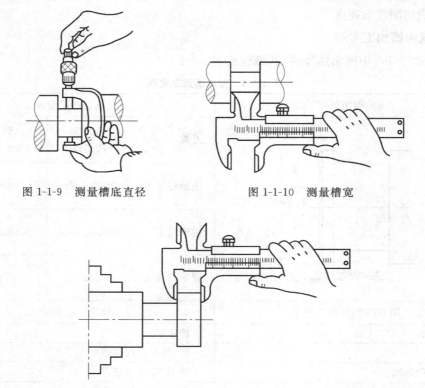

图 1-1-9　测量槽底直径　　　　图 1-1-10　测量槽宽

图 1-1-11　测量槽的位置尺寸

（3）圆弧形槽和梯形槽。它的几何尺寸一般采用游标卡尺、深度尺寸和千分尺测量。

五、车削外沟槽时产生废品的原因及预防措施

车削外沟槽时产生废品的原因及预防措施见表 1-1-4。

表 1-1-4　切削外沟槽时产生废品的原因及预防措施

问 题 现 象	产生的原因	预 防 措 施
槽的宽度不正确	1. 刀具参数不准确； 2. 程序错误	1. 调整或重新设定刀具参数； 2. 检查修改程序
槽的位置不正确	1. 程序错误； 2. 测量错误	1. 检查修改程序； 2. 正确测量

续表

问 题 现 象	产生的原因	预 防 措 施
槽的深度不正确	1. 程序错误; 2. 测量错误	1. 检查修改程序; 2. 正确测量
槽的侧面呈现凸凹面	1. 刀具安装角度不对称; 2. 刀具两刀尖磨损	1. 正确安装刀具; 2. 更换刀片
槽底有振纹	1. 工件装夹不合理; 2. 刀具安装不合理; 3. 切削参数设置不合理; 4. 程序延时太长	1. 正确装夹工件,保证刚度; 2. 调整刀具安装位置; 3. 降低切削速度和进给量; 4. 缩短程序延时时间
车槽过程中出现扎刀现象,造成刀具断裂	1. 进给量过大; 2. 切屑阻塞	1. 减小进给量; 2. 采用断续切入法

 **任务实施**

一、任务准备

(1) 零件图的工艺分析,提出工艺措施。

(2) 确定刀具,将选定的刀具参数填入表 1-1-5 中,以便于编程和任务实施。

表 1-1-5 直槽零件数控加工刀具卡(参考表)

项目代号		入门员工关	零件名称	直槽零件	零件图号	中 1
序号	刀具号	刀具规格名称	数量	加 工 表 面	刀尖半径/mm	备 注
1	T01	93°外圆正偏刀	1	车端面和外圆	0.4	20×20
2	T02	4mm 切槽刀	1	切 4×4 槽和 10×4 槽	0.1	20×20
编制:		审核:		批准:		共 1 页

注:第一次给出刀具卡参考表,以后由学生自己填写。

(3) 确定装夹方案和切削用量。根据被加工零件的技术要求、刀具材料、工件材料等,参考切削手册或有关参考书选取合适的切削速度、进给速度和背吃刀量,结合工艺措施,填写表 1-1-6。

表 1-1-6 直槽零件数控加工工序卡(参考表)

单位名称		项目代号	零件名称	零件图号
		入门员工关	直槽零件	中 1
工序号	程序编号	夹具名称	使用设备	车 间
01	O003	三卡盘	数控车床	实训车间

续表

工步号	工步内容	刀具号	刀具规格 /mm	主轴转速 /(r/min)	进给速度 /(mm/min)	背吃刀量 /mm	备注
1	平端面	T01	20×20	800	80		自动
2	粗车外圆	T01	20×20	800	80	1.5	自动
3	精车外圆	T01	20×20	1200	40	0.2～0.3	自动
4	倒角	T01	20×20	800	80		自动
5	车窄槽	T02	4	500	20	4	自动
6	车宽槽	T02	4	500	20	4	自动
编制:		审核:		批准:		共1页	

注：第一次给出加工工序卡参考表，以后由学生自己填写。

情景链接,视频演示

（1）如果不会操作加工时，可以看一看视频，视频演示可作为操作的示范。

（2）如果不知道 G75、G94 的走刀路线，可以看一看视频，视频演示可作为编程的参考。

（3）如果你不想看，那么，自己做完后，看一看视频演示中操作加工与你的操作加工有什么不同。

以上操作步骤视频，可以扫描二维码观看。

二、编写加工程序

根据前期的规划和图纸要求编写加工程序，填写表 1-1-7。

表 1-1-7　直槽零件数控加工程序表

编程零件图	走刀路线简图

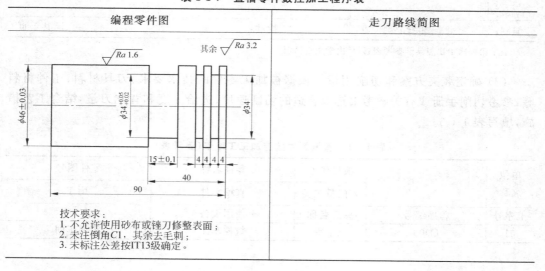

续表

加　工　程　序	程　序　说　明

三、模拟加工

（1）开机，回参考点。

（2）编写并输入加工程序。

（3）启动模拟加工，检查程序。

在模拟加工时，检查加工程序是否正确，如有问题立即修改。

四、真实加工

（1）装夹工件和刀具。

（2）试切法对刀。

（3）单步加工无误后自动连续加工。

（4）测量、修改刀具磨损值，进行加工过程的质量控制。

（5）检测，合格后取下工件。

（6）工件调头车端面，检验合格后卸下工件。

（7）数控车床的维护、保养及场地的清扫。

 任务评价

 评一评

根据表 1-1-8 中各项指标，对直槽零件加工情况进行评价。

表 1-1-8　直槽零件加工评价表

项目	指　标		分值	评 价 方 式			备　注
				自测(评)	组测(评)	师测(评)	
零件检测	外圆	$\phi46\pm0.03$	10				
	沟槽	$\phi34$(2 处)	10				
		$\phi34^{+0.05}_{+0.02}$	10				
		15 ± 0.1	10				
		4(2 处)	10				
	长度	90	5				
		40	3				
		4(2 处)	2				
	倒角	C1(8 处)	4				
	表面粗糙度	$Ra1.6\mu m$(1 处)	5				
		$Ra3.2\mu m$(3 处)	6				
技能技巧	加工工艺		5				结合加工过程与加工结果，综合评价
	提前、准时、超时完成		5				
职业素养	场地和车床保洁		5				对照 7S 管理要求规范进行评定
	工量具定置管理		5				
	安全文明生产		5				
合　计			100				
综合评价							

注：

1. 评分标准

零件检测：尺寸超差 0.01mm，扣 5 分，扣完本尺寸分值为止；表面粗糙度每降一级，扣 3 分，扣完为止。

技能技巧和职业素养，根据现场情况，由老师和同学商议执行。

2. 测评者说明

自测：由自己测量和评价，有数据的把数据填入表中，并根据评分标准评分。

组测：由自己所在组的组长测量和评价，组长间相互测量和评价，组长把数据填入表中并评分。

师测：由教师测量和评价，教师把数据填入表中给予评分。

评分说明：如果学生自测时，测出数据偏差较大，建议师傅（或教师）从总得分里酌情扣除一定的分数（由师生共同协商而定）。

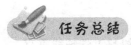

任务总结

完成任务后,请同学们进行总结与反思,对本任务有何体会和感悟,填写表1-1-9。

表 1-1-9　体会与感悟

最大的收获	
存在的问题	
改进的措施	

过关考试

一、选择题

1. 零件图上,槽尺寸的标注为 4mm×2mm,其含义是(　　)。

　　A. 槽宽 4mm,槽深 2mm　　　　　　　　B. 槽深 2mm,槽宽 4mm

　　C. 槽宽 4mm,2 个同样的槽　　　　　　　D. 槽宽 2mm,4 个同样的槽

2. 下列 G 指令中,(　　)是非模态指令。

　　A. G00　　　　　　　B. G01　　　　　　　C. G04　　　　　　　D. G02

3. 车床数控系统中,切槽循环车削指令是(　　)。

　　A. G71　　　　　　　B. G73　　　　　　　C. G75　　　　　　　D. G72

4. 下列属于单一固定循环的指令是(　　)。

　　A. G72　　　　　　　B. G75　　　　　　　C. G94　　　　　　　D. G50

5. 暂停 5s,下列指令正确的是(　　)。

　　A. G04 P5000　　　　B. G04 P500　　　　C. G04 P50　　　　　D. G04 P5

6. 在 G75 X80 Z－120 P10000 Q300 R1 F30;程序格式中,(　　)表示 X 轴方向间断切削长度。

　　A. －120　　　　　　B. 10　　　　　　　C. 5　　　　　　　　D. 80

7. 在 G75 X(U)＿ Z(W)＿ P(Δi) Q(Δk) R(Δd) F ＿;程序格式中,(　　)表示第一刀的背吃刀量。

　　A. Δi　　　　　　　B. Δk　　　　　　　C. Δd　　　　　　　D. Z(W)

8. 程序段 G75 X20.0 P5.0 F15 中,X20.0 的含义是(　　)。

　　A. 沟槽深度　　　B. X 的退刀量　　　C. 沟槽直径　　　D. X 的进刀量

9. 下列说法错误的是（ ）。

　　A. 切槽刀的刃宽要测量准确,否则会影响槽宽的尺寸精度

　　B. 安装切槽刀时,切槽刀左右两边副偏角要对称,刀刃中心线与工件轴线垂直

　　C. 切槽时,其切削用量比车外圆时大一些

　　D. 精度要求高的槽,要有精加工步骤

10. 下列说法错误的是（ ）。

　　A. 槽底留有振纹,可能是工件装夹不合理

　　B. 槽的宽度不正确,不可能是刀具的问题

　　C. 槽的深度不正确,不可能是测量的问题

　　D. 槽的位置不正确,不可能是程序问题

二、填空题

图 1-1-12 所示直槽零件的加工顺序为 ＿＿＿＿＿＿＿＿＿＿＿＿＿＿＿＿＿＿＿＿＿＿＿。

① 车端面　　　　　　　② 车外圆　　　　　　　③ 装夹工件

④ 拆卸工件,质量检查　　⑤ 倒角　　　　　　　　⑥ 车宽为 4mm 的槽

⑦ 车宽为 5mm 的槽　　　⑧ 车宽为 17mm 的槽　　⑨ 调头装夹

三、技能题

1. 加工直槽零件

直槽零件如图 1-1-12 所示。

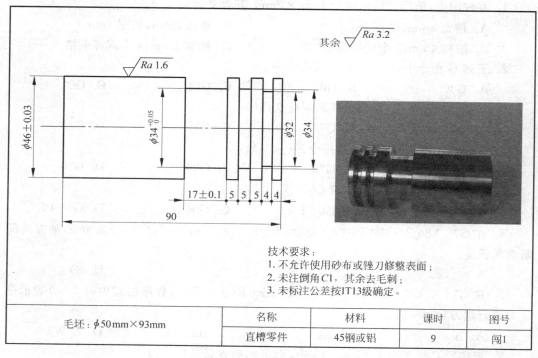

技术要求:
1. 不允许使用砂布或锉刀修整表面;
2. 未注倒角C1,其余去毛刺;
3. 未标注公差按IT13级确定。

毛坯: ϕ50mm×93mm	名称	材料	课时	图号
	直槽零件	45钢或铝	9	闯1

图 1-1-12　直槽零件

2. 加工评价

直槽零件的加工评价见表1-1-10。

表 1-1-10 直槽零件加工评价表

项目	指 标		分值	评价方式			备 注
				自测(评)	组测(评)	师测(评)	
零件检测	外圆	$\phi 46 \pm 0.03$	15				
		$\phi 34^{+0.05}_{0}$	10				
	沟槽	17 ± 0.1	5				
		$4 \times \phi 32$	10				
		$5 \times \phi 34$	10				
	长度	5(2处)	4				
		4	2				
		90	5				
	倒角	$C1$(8处)	4				
	表面粗糙度	$Ra1.6\mu m$(1处)	4				
		$Ra3.2\mu m$(3处)	6				
技能技巧	加工工艺		5				结合加工过程与加工结果,综合评价
	提前、准时、超时完成		5				
职业素养	场地和车床保洁		5				对照7S管理要求规范进行评定
	工量具定置管理		5				
	安全文明生产		5				
合计			100				
综合评价							

☆ 恭喜你完成、通过了第1个任务,并获得50个积分,继续加油,期待你闯过员工入门关。

任务2 V型槽零件加工

任务描述

本任务是加工由2个V型槽、1个直槽、5段外圆柱面、2个端面等组成的V型槽零件,如图1-2-1所示,按图所标注的尺寸和技术要求完成零件的车削,采用图1-1-1所示的零件为毛坯。

任务目标

(1) 合理选择切削V型槽的车刀。

(2) 掌握G01、G04指令加工窄V型槽。

(3) 掌握G75指令加工宽V型槽。

(4) 能根据图纸正确制定加工工艺,并进行程序编制与加工。

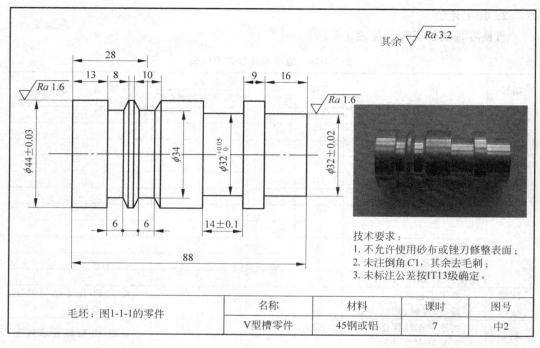

技术要求：
1. 不允许使用砂布或锉刀修整表面；
2. 未注倒角C1，其余去毛刺；
3. 未标注公差按IT13级确定。

	名称	材料	课时	图号
毛坯：图1-1-1的零件	V型槽零件	45钢或铝	7	中2

图 1-2-1 V 型槽零件

（5）掌握 V 型槽的检测。

 **任务分析**

对加工零件图 1-2-1 进行任务分析，填写表 1-2-1。

表 1-2-1 V 型槽零件加工任务分析表

分 析 项 目		分 析 结 果
做什么	1. 结构主要特点	
	2. 尺寸精度要求	
	3. 毛坯特点	
	4. 其他技术要求	
怎么做	1. 需要什么量具	
	2. 需要什么夹具	
	3. 需要什么刀具	
	4. 需要什么编程知识	
	5. 需要什么工艺知识	
	6. 其他方面(注意事项)	
要完成这个任务	1. 最需要解决的问题是什么	
	2. 最难解决的问题是什么	

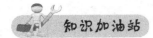

一、V 型槽的类型

按形状不同 V 型槽可分为单边 V 型槽和双边 V 型槽,按宽度不同 V 型槽可分为窄 V 型槽和宽 V 型槽。例如,单边窄 V 型槽,如图 1-2-2 所示;双边宽 V 型槽(槽底大于切槽刀宽度),如图 1-2-3 所示。

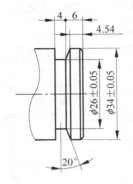

图 1-2-2　单边窄 V 型槽

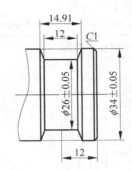

图 1-2-3　双边宽 V 型槽

二、窄 V 型槽及其加工方法

窄 V 型槽是指槽底的宽度能采用刀头宽度等于槽底宽的车刀一次车出的 V 型槽。可以直接使用 G01 或 G94 指令直进切削。对于精度要求较高的,切槽到尺寸后,在槽底处用 G04 指令让刀具在槽底停留几秒钟,以便起到修光槽底的作用。

1. 编程时应注意的几个问题

(1) 合理选择切槽刀的刀位点。

(2) 合理选择切槽刀的退出路线。

(3) 合理选择切槽的切削用量。

2. 窄 V 型槽车削走刀路线及步骤

(1) 尺寸较小的单边窄 V 型槽

第一步:刃磨与槽的形状大小一致的切槽刀,如图 1-2-4 所示。

第二步:用直进法车削到槽底尺寸要求,如图 1-2-5 所示。

(2) 尺寸较大的单边窄 V 型槽

第一步:切直槽,如图 1-2-6 所示。

第二步:切右 V 型面,如图 1-2-7 所示。

3. 单边窄 V 型槽加工实例

加工表 1-2-2 中图示的零件,其编程见表 1-2-2。

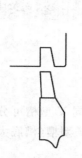 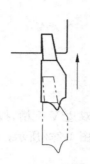 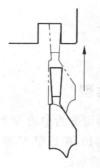 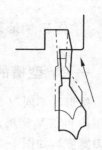

图 1-2-4　成形切槽刀　　图 1-2-5　一次车削成形　　图 1-2-6　切直槽　　图 1-2-7　切右 V 型面

表 1-2-2　单边窄 V 型槽加工实例

编程实例图	刀具及切削用量表		
	刀具	T0101 93° 外圆正偏刀	T0202 4mm 切断刀
	主轴转速 S	1000r/min	500r/min
	进给量 F	100mm/min	≤40mm/min
	背吃刀量 a_p	<2mm	≤4mm

编程实例图尺寸：4.6，4.54，$\phi26\pm0.05$，$\phi34\pm0.05$，20°

用 G01 切槽加工程序	程 序 说 明
O2003;	程序号
…	粗、精车外圆和端面
N10 T0202;	调用 02 号切槽刀
N20 M03 S500;	主轴正转,转速为 500r/min
N30 G00 X35 Z−10;	快速移动到切槽下刀点
N40 G01 X26 F40;	G01 直线插补切槽,进给速度 F＝40mm/min
N50 G04 X1;	槽底停留 1s
N60 G00 X35;	G00 退出槽位
N70 W1.46;	快速移动到 V 型槽右边的下刀点定位
N80 G01 X34;	接触外圆表面
N90 G01 X26 W−1.46;	G01 直线插补切 V 型槽的右斜面
N100 G04 X1;	槽底停留 1s
N110 G00 X35	G00 退出槽位
N120 G00 X100 Z100 M05;	快速退刀到安全换刀点,并停主轴
N130 T0100;	调回 1 号刀,取消刀补
N140 M30;	程序结束
％	程序结束符

三、宽 V 型槽及其加工方法

宽 V 型槽是指 V 型槽宽度较大的沟槽,槽底宽度大于 1 个或多个切槽刀宽度的沟槽。加工如图 1-2-3 所示的宽槽,必须分几次进刀切削,而且每次切削的轨迹在宽度上应略有重叠,即每次扩宽应小于刀宽;并且要留有精加工的余量,最后精车槽侧和底面。这类切槽常采用内外切槽循环 G75 指令。

1. 宽 V 型槽车削走刀路线及步骤

第一步:G75 加工长度为 12 的宽直槽,如图 1-2-8 所示。

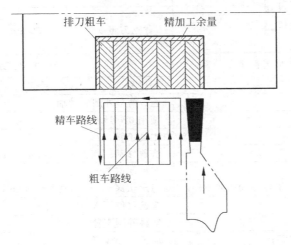

图 1-2-8　G75 加工长度为 12 的宽直槽

第二步:切左 V 型面,如图 1-2-9 所示。

第三步:切右 V 型面和精修槽底,如图 1-2-10 所示。

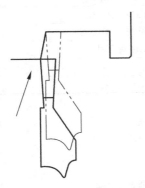
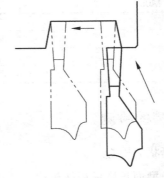

图 1-2-9　切左 V 型面　　　　图 1-2-10　切右 V 型面和精修槽底

2. 宽 V 型槽加工实例

加工表 1-2-3 中图示的零件,其编程见表 1-2-3。

表 1-2-3　宽 V 型槽加工实例

编程实例图	刀具及切削用量表		
	刀具	T0101 93° 外圆正偏刀	T0202 4mm 切断刀
	主轴转速 S	1000r/min	500r/min
	进给量 F	100mm/min	≤40mm/min
	背吃刀量 a_p	<2mm	≤4mm

用 G75 切槽加工程序	程序说明
O2004;	程序号
...	粗、精车外圆和端面
N10 T0202;	调用 02 号切槽刀
N20 M03 S500;	主轴正转,转速为 500r/min
N30 G00 X35 Z−10;	快速移动到切槽下刀点,X35mm,Z−10mm
N40 G75 R2;	车槽回退 2mm
N50 G75 X26.1 Z−18 P3000 Q3000 F40;	每次切深 3mm,Z 轴移动 3mm,径向留 0.1mm 余量
N60 G00 W1.455;	快速定位到 V 型面的右边
N70 G01 X34 F40;	接触外圆直径
N80 G01 X26 W−1.455;	加工右边 V 型面
N90 G00 X35;	X 轴快速退回
N100 Z−19.455;	Z 轴快速移动左边 V 型面定位
N110 G01 X26 Z−18;	加工左边 V 型面,完成 V 型槽加工
N120 Z−8.545;	精修槽底
N130 G00 X100 M05;	X 轴快速退回安全换刀点
N140 Z100;	Z 轴快速退回安全换刀点
N150 T0100;	调回 1 号刀,取消刀补
N160 M30;	程序结束
%	程序结束符

四、V 型槽的检测

1. V 型槽形状的检查

V 型槽的 V 型面角度可用样板或者万能角度尺进行检查。

2. V 型槽尺寸的测量

(1) V 型槽的宽度可用钢直尺或者游标卡尺进行测量。

(2) V 型槽的槽底尺寸可用游标卡尺或者外径千分尺进行测量。

五、车削 V 型槽时产生废品的原因及预防措施

车削 V 型槽时产生废品的原因及预防措施见表 1-2-4。

表 1-2-4 车削 V 型槽时产生废品的原因及预防措施

问 题 现 象	产 生 的 原 因	预 防 措 施
V 型槽的位置不正确	1. 测量错误； 2. 程序错误	1. 正确测量； 2. 检查修改程序
V 型槽的尺寸不正确	1. 刀宽错误； 2. 程序错误； 3. 刀具磨损； 4. 对刀错误	1. 检查刀宽； 2. 检查修改程序； 3. 修磨刀具； 4. 检验对刀位置
V 型槽的表面不符合要求	1. 切削用量选用不当； 2. 刀尖磨损； 3. 切削液选择不当	1. 选用合理的切削用量； 2. 更换刀片或刃磨刀具； 3. 选用合理的切削液

一、任务准备

(1) 对零件图进行工艺分析,提出工艺措施。

(2) 确定刀具,将选定的刀具参数填入表 1-2-5,以便于编程和任务实施。

表 1-2-5 V 型槽零件数控加工刀具卡

项目代号			零件名称		零件图号		
序号	刀具号	刀具规格名称	数量	加工表面	刀尖半径/mm	备注
编制：		审核：		批准：			共 页

(3) 确定装夹方案和切削用量。根据被加工零件的技术要求、刀具材料、工件材料等,参考切削手册或有关参考书选取合适的切削速度、进给速度和背吃刀量,结合工艺措施,填写表 1-2-6。

表 1-2-6 V 型槽零件数控加工工序卡

单位名称		项目代号	零件名称	零件图号
工序号	程序编号	夹具名称	使用设备	车间

续表

工步号	工步内容	刀具号	刀具规格 /mm	主轴转速 /(r/min)	进给速度 /(mm/min)	背吃刀量 /mm	备注

编制:	审核:	批准:	共　　页

情景链接,视频演示

(1) 如果不会操作加工时,可以看一看视频,视频演示可作为操作的示范。

(2) 如果不知道 G75 的走刀路线,可以看一看视频,视频演示可作为编程的参考。

(3) 如果你不想看,那么,自己做完后,看一看视频演示中操作加工与你的操作加工有什么不同。

以上操作步骤视频,可以扫描二维码观看。

二、编写加工程序

根据前期的规划和图纸要求编写加工程序,填写表 1-2-7。

表 1-2-7　V 型槽零件数控加工程序表

编程零件图	走刀路线简图

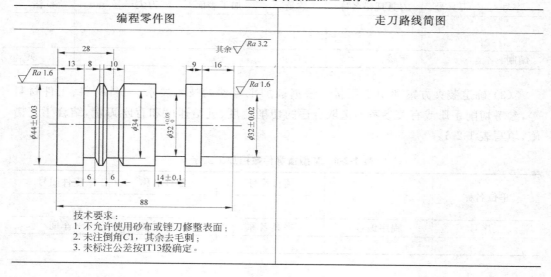

技术要求:
1. 不允许使用砂布或锉刀修整表面;
2. 未注倒角C1,其余去毛刺;
3. 未标注公差按IT13级确定。

续表

加 工 程 序	程 序 说 明

三、模拟加工

(1) 开机,回参考点。

(2) 编写并输入加工程序。

(3) 启动模拟加工,检查程序。

在模拟加工时,检查加工程序是否正确,如有问题立即修改。

四、真实加工

(1) 装夹工件和刀具。

(2) 试切法对刀。

（3）单步加工无误后自动连续加工。

（4）测量,修改刀具磨损值,进行加工过程的质量控制。

（5）检测,合格后取下工件。

（6）工件调头车端面,检验合格后卸下工件。

（7）数控车床的维护、保养及场地的清扫。

根据表1-2-8中各项指标,对 V 型槽零件加工情况进行评价。

表1-2-8　V型槽零件加工评价表

项目	指标		分值	评价方式			备注
				自测（评）	组测（评）	师测（评）	
零件检测	外圆	$\phi 44\pm 0.03$	10				
		$\phi 32\pm 0.02$	10				
	沟槽	$\phi 32^{+0.05}_{0}$	10				
		$\phi 34$	6				
		14 ± 0.1	5				
		6（2 处）	4				
		8、10	5				
	长度	88	4				
		16	2				
		13、9	4				
	倒角	C1（6 处）	3				
	表面粗糙度	$Ra1.6\mu m$（2 处）	6				
		$Ra3.2\mu m$（3 处）	6				
技能技巧	加工工艺		5				结合加工过程与加工结果,综合评价
	提前、准时、超时完成		5				
职业素养	场地和车床保洁		5				对照 7S 管理要求规范进行评定
	工量具定置管理		5				
	安全文明生产		5				
合计			100				
综合评价							

注:

1. 评分标准

零件检测:尺寸超差 0.01mm,扣 5 分,扣完本尺寸分值为止;表面粗糙度每降一级,扣 3 分,扣完为止。

技能技巧和职业素养,根据现场情况,由老师和同学商议执行。

2. 测评者说明

自测:由自己测量和评价,有数据的把数据填入表中,并根据评分标准评分。

组测:由自己所在组的组长测量和评价,组长间相互测量和评价,组长把数据填入表中并评分。

师测:由教师测量和评价,教师把数据填入表中给予评分。

评分说明:如果学生自测时,测出数据偏差较大,建议师傅（或教师）从总得分里酌情扣除一定的分数（由师生共同协商而定）。

 **任务总结**

完成任务后,请同学们进行总结与反思,对本任务有何体会和感悟,填写表1-2-9。

表1-2-9 体会与感悟

最大的收获	
存在的问题	
改进的措施	

过关考试 发 闯一闯

一、选择题

1. 带传动中,普通 V 型带轮的轮槽楔角为(　　)。

    A. 30°   B. 40°   C. 50°   D. 60°

2. 经济型数控车床的主轴传动一般使用(　　)传递主轴的旋转运动。

    A. 齿轮   B. 同步带   C. V 型带   D. 联轴器

3. 数控机床程序中,F100 表示(　　)。

    A. 切削速度   B. 进给速度

    C. 主轴转速   D. 步进电机转速

4. 刀具相对于零件运动的起点称(　　)。

    A. 换刀点   B. 刀位点   C. 起刀点   D. 切入点

5. GSK980TD 数控车床控制系统,使用(　　)表示增量坐标。

    A. X、Z   B. U、W   C. G94、G95   D. G20、G21

6. 数控机床(　　)时模式选择开关应放在 MDI。

    A. 快速进给   B. 手动数据输入   C. 回零   D. 手动进给

7. 下列量具中,(　　)可用于测量内沟槽直径。

    A. 外径千分尺   B. 钢板尺

    C. 深度游标卡尺   D. 弯脚游标卡尺

8. 为了保证槽底精度,切槽刀主刀刃必须与工件轴线(　　)。

    A. 平行   B. 垂直   C. 相交   D. 倾斜

9. 游标卡尺读数时,操作不正确的是(　　)。

A. 平拿卡尺

B. 视线垂直于读刻线

C. 朝着有光亮方向

D. 没有刻线完全对齐时,应选相邻刻线中较小的作为读数

10. 切刀宽为 2mm,左刀尖为刀位点,要保持零件长度 50mm,则编程时 Z 轴方向应定位在( )mm 处切断工件。

    A. 50   B. 52   C. 48   D. 51

11. F 功能是表示进给的速度功能,由字母 F 和其后面的( )来表示。

    A. 单位   B. 数字   C. 指令   D. 字母

12. 数控车床主轴以 800r/min 转速正转时,其指令应是( )。

    A. M03 S800   B. M04 S800   C. M05 S800   D. S800

13. ( )指令表示撤销刀具偏置补偿。

    A. T02D0   B. T0211   C. T0200   D. T0002

14. 在 FANUC 系统数控车床上,G92 是( )。

    A. 单一固定循环指令   B. 螺纹切削单一固定循环指令

    C. 端面切削单一固定循环指令   D. 建立工件坐标系指令

二、技能题

1. 加工 V 型槽零件

V 型槽零件如图 1-2-11 所示。

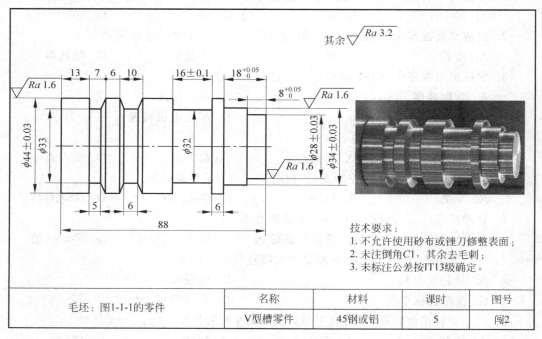

图 1-2-11 V 型槽零件

2. 加工评价

V型槽零件的加工评价见表1-2-10。

表1-2-10 V型槽零件加工评价表

项目	指 标		分值	评 价 方 式			备 注
				自测(评)	组测(评)	师测(评)	
零件检测	外圆	$\phi44\pm0.03$	8				
		$\phi34\pm0.03$	8				
		$\phi28\pm0.03$	8				
	沟槽	$\phi32$	4				
		16 ± 0.1	6				
		$\phi33(2\,处)$	6				
		5、7	4				
		6、10	4				
	长度	$8^{+0.05}_{0}$	4				
		$18^{+0.05}_{0}$	4				
		88	2				
		13、6(2 处)	2				
	倒角	C1(7 处)	3				
	表面粗糙度	$Ra1.6\mu m$(3 处)	6				
		$Ra3.2\mu m$(3 处)	6				
技能技巧	加工工艺(程序合理不合理)		5				结合加工过程与加工结果,综合评价
	提前、准时、超时完成		5				
职业素养	场地和车床保洁		5				对照7S管理要求规范进行评定
	工量具定置管理		5				
	安全文明生产		5				
合计			100				
综合评价							

☺ 你完成、通过了两个任务,并获得了100个积分,恭喜你闯过员工入门关,你现在是蓝领员工,你可以进入蓝领员工关的学习了。

项目 2

盘盖类零件的加工(蓝领员工关)

本关主要学习内容:了解盘盖类零件的结构特点;了解盘盖类零件的加工方法和加工特点;选择与安装加工盘盖端面的车刀;掌握 G94、G72 等基本指令的编程格式及其参数含义,并运用该指令加工;掌握端面循环固定切削的编程和加工。本关有两个学习任务,一个任务是简单盘盖类零件加工;另一个任务是多台阶盘盖类零件加工。

任务 1 简单盘盖类零件加工

任务描述

本任务是加工由 2 段外圆柱面、1 段外圆锥面、2 个端面等组成的简单盘盖类零件,如图 2-1-1 所示,按图所标注的尺寸和技术要求完成零件的车削,采用图 1-2-1 所示零件的左端部分为毛坯。

任务目标

(1) 掌握 G94 指令加工盘盖端面。

(2) 合理选择并安装加工盘盖端面的车刀。

(3) 熟记 G94 指令的编程格式及参数含义,理解该指令的含义及用法。

(4) 能根据图纸正确制订加工工艺,并进行程序编制与加工。

(5) 能对盘盖类零件的加工误差进行分析。

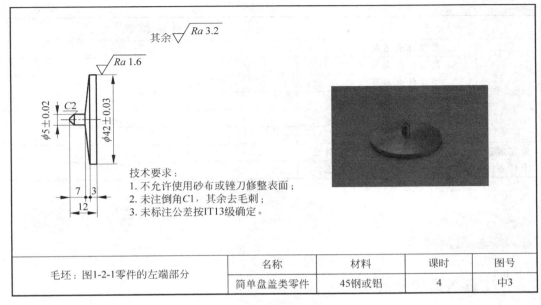

图 2-1-1　简单盘盖类零件

任务分析

对加工零件图 2-1-1 进行任务分析,填写表 2-1-1。

表 2-1-1　简单盘盖类零件加工任务分析表

分析项目		分析结果
做什么	1. 结构主要特点	
	2. 尺寸精度要求	
	3. 毛坯特点	零件的材料为 45 钢或铝,切削加工性能好,不用经过热处理。 以下图左端部分为零件加工毛坯。 
	4. 其他技术要求	

续表

分 析 项 目		分 析 结 果
怎么做	1. 需要什么量具	
	2. 需要什么夹具	
	3. 需要什么刀具	
	4. 需要什么编程知识	
	5. 需要什么工艺知识	
	6. 其他方面(注意事项)	
要完成这个任务	1. 最需要解决的问题是什么	
	2. 最难解决的问题是什么	

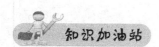 

一、盘盖类零件

1. 盘盖类零件的功用及结构特点

盘盖类零件在机器中主要起支承、连接作用。盘盖类零件主要由端面、外圆、内孔等组成,一般零件直径大于零件的轴向尺寸,如齿轮、带轮、法兰盘、端盖、联轴节、套环、轴承环、螺母、垫圈等,主要用于传递动力、改变速度、转换方向或起支承、轴向定位、密封等。

盘盖类零件上常有轴孔,设计有凸缘、凸台或凹坑等结构;还常有较多的螺孔、光孔、沉孔、销孔或键槽等结构;有些还具有轮辐、辐板、肋板以及用于防漏的油沟和毡圈槽等密封结构。

各类盘盖类零件如图 2-1-2 和图 2-1-3 所示。

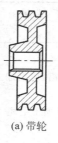 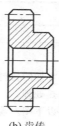 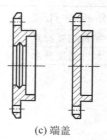

(a) 带轮　　　　　　(b) 齿传　　　　　　(c) 端盖

图 2-1-2　盘盖类零件

(a) 支承盖　　　　　　(b) 法兰盘　　　　　　(c) 主轴承盖

图 2-1-3　盘盖类零件案例

2. 技术要求

盘盖类零件对支承用端面有较高平面度、轴向尺寸精度和两端面平行度要求;对转接作用中的内孔等有与平面的垂直度要求,外圆、内孔间的同轴度要求等。

3. 盘盖类零件的材料与毛坯

盘盖类零件常采用钢、铸铁、青铜或黄铜制成。孔径小的盘一般选择热轧或冷拔棒料,根据不同材料,也可选择实心铸件,孔径较大时,可作预孔。若生产批量较大,可选择冷挤压等先进毛坯制造工艺,既提高生产率,又节约材料。

二、盘盖类零件的定位基准和装夹方法

1. 基准选择

(1) 基准以端面为主(如支承块),其零件加工中的主要定位基准为平面。

(2) 基准以内孔为主,同时辅以端面的配合。

(3) 基准以外圆为主(较少),往往也需要有端面的辅助配合。

2. 安装方案

(1) 用三爪卡盘安装。用三爪卡盘装夹外圆时,为定位稳定可靠,常采用反爪装夹(共限制工件除绕轴转动外的五个自由度);装夹内孔时,以卡盘的离心力作用完成工件的定位、夹紧(限制了工件除绕轴转动外的五个自由度)。

(2) 用专用夹具安装。以外圆作径向定位基准时,用定位环作定位件;以内孔作径向定位基准时,可用定位销(轴)作定位件。根据零件构形特征及加工部位、要求,选择径向夹紧或端面夹紧。

(3) 用虎钳安装。生产批量小或单件生产时,可采用虎钳装夹(如支承块上侧面、十字槽加工)。

三、盘盖类零件的加工要求及工艺性

1. 外圆车削工艺要求

外圆车削分为粗车、半精车、精车三个过程。

粗车:只需尽快去除各表面多余的部分,同时给各表面留出一定的精车余量即可。一般在车床动力条件允许的情况下,采用吃刀深、进给量大、较低转速的做法,对车刀的要求主要是有足够的强度、刚度和寿命。

半精车:介于粗车与精车之间,既要车去多余余量的毛坯,又要提高表面质量。

精车:使工件获得准确的尺寸和规定的表面粗糙度。对车刀的要求主要是锋利,切削刃平直光洁,切削时必须使切屑排向工件待加工表面。

2. 端面车削工艺要求

用右偏刀(90°)车削端面时,背吃刀量不能过大。在通常情况下,是使用右偏刀的副切削刃对工件端面进行切削,当切削深度过大时,向床头方向的切削力(F)会使车刀扎入端面而形成凹面。

主偏角不能小于 90°,否则会使端面的平面度超差或者在车削台阶端面时造成台阶端面与工件轴线不垂直的现象,通常在车削端面时,右偏刀的主偏角应为 90°~93°。

3. 车削外圆与端面时对车刀安装的工艺要求

车刀安装是否正确,将直接影响切削能否顺利进行和工件的加工质量。车刀安装后,必须保证做到:

(1)车刀刀尖必须严格对准工件的旋转中心。如果车刀刀尖高于或低于工件的旋转中心,就会影响刀具前角和后角,从而影响刀具切削性能,如图 2-1-4 所示。

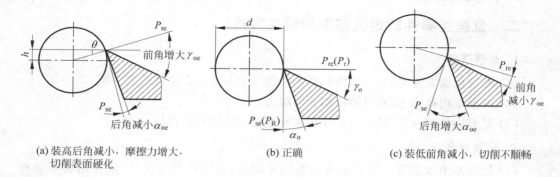

(a) 装高后角减小,摩擦力增大,　　　(b) 正确　　　(c) 装低前角减小,切削不顺畅
　　切削表面硬化

图 2-1-4　刀尖与工件不等高时的前后角变化

车刀刀尖是否对准工件的旋转中心,可以用车端面进行检查。如果刀尖高于工件的旋转中心,工件中心就会留有凸头;如果刀尖低于工件的旋转中心,工件中心也会留有凸头,同时刀尖可能还会崩碎,如图 2-1-5 所示。

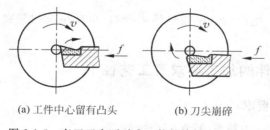

(a) 工件中心留有凸头　　　(b) 刀尖崩碎

图 2-1-5　车刀刀尖不对准工件的旋转中心的后果

(2)车刀的伸出长度不宜过长。通常车削外圆时,车刀伸出刀架部分的长度一般为刀杆厚度的 1~1.5 倍为宜。

(3)车刀下面的垫片数量不宜过多。垫片要平整,并应与刀架前端对齐。

(4)压紧车刀用的螺钉不能少于两个,并逐个拧紧。

(5)刀杆不能歪斜。安装车刀时,应使刀杆中心线与主轴轴线垂直。

4. 盘盖类零件的工艺要求

盘盖类零件中间部位的孔一般在车床上加工,这样既便于工件装夹,又便于在一次装夹中精加工孔、端面和外圆,以保证位置精度。

盘盖类零件上回转面的粗、半精加工仍以车为主,精加工则根据零件材料、加工要求、生产批量大小等因素选择磨削、精车、拉削或其他加工方法。零件上非回转面加工,则根据表面形状选择恰当的加工方法,一般安排于零件的半精加工阶段。

四、盘盖类零件的加工指令

1. 平端面车削指令(G94)

格式:

G94 X __ Z __ F __ ;(绝对值编程方式)

或

G94 U __ W __ F __ ;(增量值编程方式)

说明:

X、Z:切削终点的坐标,单位为 mm。

U、W:切削终点与起点的绝对坐标差值,单位为 mm。

F:循环切削过程中的进给速度。

指令说明:G94 指令的加工运动轨迹由 4 个部分组成,刀具从程序起点开始以 G00方式快速到达指令中的 Z 坐标处,再以 G01 的方式切削进给到 X 终点坐标处,并切削到循环起点 Z 坐标处,然后以 G00 方式返回循环起始点,准备下个动作。如图 2-1-6 所示。

例:图 2-1-6 中,已知大外圆的直径为 φ50mm,现在要加工 φ10mm×2mm 长的外圆,请使用 G94 指令编写加工程序。

参考程序:

...
N10 T101;
N20 G0 G99 X100 Z100 M3 S800;
N30 X51 Z2;

N40 G94 X0 Z-2 F0.08;
N50 G0 X100 Z100 M5;
N60 M30;
　%

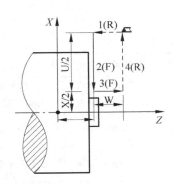

图 2-1-6　平端面切削循环轨迹　　　　图 2-1-7　锥度端面切削循环轨迹

2. 锥度端面车削指令(G94)

指令格式:

G94 X __ Z __ R __ F __ ;(绝对值编程方式)

或

G94 U＿＿ W＿＿ R＿＿ F＿＿；（增量值编程方式）

说明：

X(U)、Z(W)：循环切削终点的坐标。

F：循环切削过程中的进给速度。

R：切削起点与切削终点 Z 轴绝对坐标的差值，该值正负确定锥的方向。

其加工运动轨迹也是由 4 个部分组成，与平端面切削循环的运动轨迹相似。如图 2-1-7 所示。

例：已知毛坯 ϕ55mm×30mm，编写图 2-1-8 所示零件的加工程序。

参考程序：

...
N10 T0101;
N20 G99 G0 X100 Z100 M3 S800;
N30 X55 Z2;
N40 G90 X50 Z－10 F0.15;
N50 G94 X20 Z－2 F0.08;

N60 G0 X50 Z0;
N70 G94 X20 Z－2 R－2.64;
N80 G0 X100 Z100 M5;
N90 M30;
%

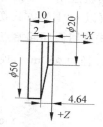

图 2-1-8　G94 指令编程

3. G94 指令的编程举例

加工表 2-1-2 中图示的零件，其编程见表 2-1-2。

表 2-1-2　简单盘盖零件加工实例

编程实例图	刀具及切削用量表		
	刀具	T0101 90° 外圆正偏刀	T0202 4mm 切断刀
	主轴转速 S	1000r/min	500r/min
	进给量 F	100mm/min	≤40mm/min
	背吃刀量 a_p	＜2mm	≤4mm
用 G94 车削加工程序	程 序 说 明		
O2005;	程序号		
N5 T0202 S500 M03;	调用 02 号切槽刀，主轴正转，转速为 500r/min		

续表

用 G94 车削加工程序	程序说明
N10 G0 X100 Z100；	设置安全位置点
N20 G98；	给定进给方式
N30 G0 G32 Z1；	快速移动到切槽下刀点
N40 G94 X10 Z－3 F40；	G94 端面单一循环，进给速度 $F=40\text{mm/min}$
N50 Z－6；	切削进给
N60 Z－9；	切削进给
N65 Z－10；	切削进给
N68 G0 X32 Z－5；	G00 退出
N70 G94 X10 Z－10 R－3 F40；	G94 端面单一循环，进给速度 $F=40\text{mm/min}$
N80 R－6；	切削进给
N100 R－9；	切削进给
N110 R－12；	切削进给
N120 R－14；	切削进给
N130 R－15；	切削进给
N140 G0 X100 Z100；	快速退刀到安全换刀点
N150 T0100；	取消刀具补偿、调回 1 号刀
N160 M30；	程序结束
％	程序结束符

五、车削简单盘盖类零件时产生废品的原因及预防措施

车削简单盘盖类零件时产生废品的原因及预防措施，见表 2-1-3。

表 2-1-3　车削简单盘盖类零件时产生废品的原因及预防措施

问题现象	产生的原因	预防措施
端平面不平，呈现凸凹面	1. 走刀方式错误； 2. 程序错误； 3. 刀具安装角度不对； 4. 刀尖磨损	1. 选择合理的走刀方式； 2. 检查修改程序； 3. 正确安装刀具； 4. 刃磨刀具或更换刀片
端平面长度尺寸不正确	1. 程序错误； 2. 测量错误； 3. 对刀错误	1. 检查修改程序； 2. 正确测量； 3. 检测对刀情况
端平面出现振动，留有振纹，表面粗糙度偏大	1. 工件装夹不合理； 2. 刀具安装不合理； 3. 切削参数设置不合理； 4. 车端面刀具角度不合理	1. 正确装夹工件，保证刚度； 2. 调整刀具安装位置； 3. 降低切削速度和进给量； 4. 重新刃磨好车端面刀具

一、任务准备

（1）零件图工艺分析，提出工艺措施。

（2）确定刀具，将选定的刀具参数填入表 2-1-4，以便于编程和任务实施。

表 2-1-4　简单盘盖零件数控加工刀具卡

项目代号		零件名称			零件图号	
序号	刀具号	刀具规格名称	数量	加工表面	刀尖半径/mm	备注
编制：		审核：		批准：		共　　页

（3）确定装夹方案和切削用量，根据被加工零件的技术要求、刀具材料、工件材料等，参考切削手册或有关参考书选取合适的切削速度、进给速度和背吃刀量，结合工艺措施，填写表 2-1-5。

表 2-1-5　简单盘盖零件数控加工工序卡

单位名称		项目代号	零件名称		零件图号	
工序号	程序编号	夹具名称	使用设备		车间	
工步号	工步内容	刀具号	刀具规格/mm	主轴转速/(r/min)	进给速度/(mm/min)	背吃刀量/mm	备注
编制：		审核：		批准：		共　　页	

 情景链接，视频演示

（1）如果不会操作加工时，可以看一看视频，视频演示可作为操作的示范。

（2）如果不知道 G94 的走刀路线，可以看一看视频，视频演示可作为编程的参考。

（3）如果你不想看，那么，自己做完后，看一看视频演示中操作加工与你的操作加工有什么不同。

以上操作步骤视频,可以扫描二维码观看。

二、编写加工程序

根据前期的规划和图纸要求编写加工程序,填写表 2-1-6。

表 2-1-6 简单盘盖零件数控加工程序表

编程零件图	走刀路线简图
其余 $\sqrt{Ra\ 3.2}$ $\sqrt{Ra\ 1.6}$ $\phi 5 \pm 0.02$　$C2$　$\phi 42 \pm 0.03$ 7　3 12 技术要求: 1. 不允许使用砂布或锉刀修整表面; 2. 未注倒角C1,其余去毛刺; 3. 未标注公差按IT13级确定。	
加 工 程 序	**程 序 说 明**

续表

加 工 程 序	程 序 说 明

三、模拟加工

（1）开机,回参考点。

（2）编写并输入加工程序。

（3）启动模拟加工,检查程序。在模拟加工时,检查加工程序是否正确,如有问题立即修改。

（4）添加磨损值。

四、真实加工

（1）装夹工件和刀具。

（2）试切法对刀。

（3）单步加工无误后自动连续加工。

（4）测量,修改刀具磨损值,进行加工过程的质量控制。

（5）检测,合格后取下工件。

（6）工件调头后车端面,检验合格后卸下工件。

（7）数控车床的维护、保养及场地的清扫。

评一评

任务评价

根据表 2-1-7 中各项指标,对简单盘盖零件加工情况进行评价。

表 2-1-7 简单盘盖零件加工评价表

项目	指 标		分值	评 价 方 式			备 注
				自测(评)	组测(评)	师测(评)	
零件检测	外圆	$\phi42\pm0.03$	15				
		$\phi5\pm0.02$	15				
	长度	12	10				
		7	5				
		3	5				
	倒角	$C2(1$ 处$)$	5				
	表面粗糙度	$Ra1.6\mu m(1$ 处$)$	10				
		$Ra3.2\mu m(3$ 处$)$	10				
技能技巧	加工工艺		5				结合加工过程与加工结果,综合评价
	提前、准时、超时完成		5				
职业素养	场地和车床保洁		5				对照 7S 管理要求规范进行评定
	工量具定置管理		5				
	安全文明生产		5				
合计			100				
综合评价							

注:
1. 评分标准
零件检测:尺寸超差 0.01mm,扣 5 分,扣完本尺寸分值为止;表面粗糙度每降一级,扣 3 分,扣完为止。
技能技巧和职业素养,根据现场情况,由老师和同学协商执行。
2. 测评者说明
自测:由自己测量和评价,有数据的把数据填入表中,并根据评分标准评分。
组测:由自己所在组的组长测量和评价,组长间相互测量和评价,组长把数据填入表中并评分。
师测:由教师测量和评价,教师把数据填入表中给予评分。
评分说明:如果学生自测时,测出数据偏差较大,建议师傅(或教师)从总得分里酌情扣除一定的分数(由师生共同协商而定)。

 任务总结

完成任务后,请同学们进行总结与反思,对本任务有何体会和感悟,填写表 2-1-8。

表 2-1-8 体会与感悟

最大的收获	
存在的问题	
改进的措施	

发 闯 一 闯

过关考试

一、选择题

1. G94 指令切削加工时,应选用的刀具是(   )。

    A. 外圆刀　　　　　B. 切槽刀　　　　　C. 螺纹刀　　　　　D. 成形刀

2. 下列 G 指令中,(   )是非模态指令。

    A. 模态指令　　　　B. 非模态指令　　　C. 暂停指令　　　　D. 钻孔指令

3. 车床数控系统中,端面单一固定循环车削指令是(   )。

    A. G90　　　　　　B. G91　　　　　　C. G92　　　　　　D. G94

4. 粗车时选择切削用量应先选择较大的(   ),这样才能提高效率。

    A. F　　　　　　　B. a_p　　　　　　C. v　　　　　　　D. F 和 v

5. 用圆锥界限规测量圆锥大、小直径时,工件端面(   )的位置上。

    A. 对准外刻线　　　　　　　　　　　B. 对准内刻线

    C. 在内、外刻线之间　　　　　　　　D. 外刻线左边

6. 数控车床加工公制螺纹时,若螺距 $P = 2.5$,转速为 130r/min,则进给速度为(   )。

    A. 162.5m/min　　　　　　　　　　B. 130m/min

    C. 程序段指定的速度　　　　　　　　D. 325mm/min

7. 车圆锥时产生双曲线误差的主要原因是(   )。

    A. 刀尖没有对准工件轴线　　　　　　B. 小滑板转动角度计算错误

    C. 工件长度不一致　　　　　　　　　D. 切削刃不直

8. 车刀在基面测量的角度有(   )。

    A. 刃倾角、后角　　　　　　　　　　B. 主偏角、主后角

    C. 主偏角、副偏角　　　　　　　　　D. 副偏角、副后角

9. 主偏角的主要作用是改变主切削刃的(   )情况。

    A. 减小与工件摩擦　　　　　　　　　B. 受力及散热

    C. 切削刃强度　　　　　　　　　　　D. 增大与工件摩擦

10. 当车刀主偏角由 45° 改变为 75° 时,切削过程会出现(   )。

    A. 径向力增大,轴向力减小　　　　　B. 径向力减小,轴向力增大

    C. 径向力增大,轴向力增大　　　　　D. 径向力减小,轴向力减小

二、技能题

1. 加工圆弧盘盖类零件

圆弧盘盖类零件如图 2-1-9 所示。

2. 加工评价

圆弧盘盖类零件的加工评价见表 2-1-9。

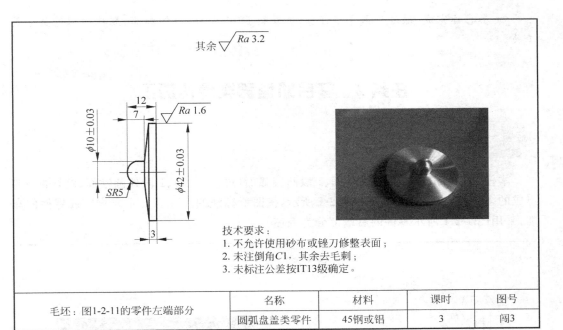

技术要求：
1. 不允许使用砂布或锉刀修整表面；
2. 未注倒角C1，其余去毛刺；
3. 未标注公差按IT13级确定。

毛坯：图1-2-11的零件左端部分	名称	材料	课时	图号
	圆弧盘盖类零件	45钢或铝	3	闯3

图 2-1-9　圆弧盘盖类零件

表 2-1-9　圆弧盘盖类零件加工评价表

项目	指标		分值	评价方式			备　注
				自测(评)	组测(评)	师测(评)	
零件检测	外圆	$\phi 42\pm 0.03$	15				
		$\phi 10\pm 0.03$	15				
	球头	SR5	15				
	长度	12	5				
		7	5				
		3	5				
	表面粗糙度	$Ra1.6\mu m$(1处)	6				
		$Ra3.2\mu m$(3处)	9				
技能技巧	加工工艺(程序合理不合理)		5				结合加工过程与加工结果,综合评价
	提前、准时、超时完成		5				
职业素养	场地和车床保洁		5				对照7S管理要求规范进行评定
	工量具定置管理		5				
	安全文明生产		5				
合计			100				
综合评价							

☆ 恭喜你完成、通过了第 1 个任务,并获得 50 个积分,继续加油,期待你闯过蓝领员工关。

任务 2　多台阶盘盖类零件加工

 **任务描述**

本任务是加工由 4 段外圆柱面、1 段凸圆弧面(过渡圆弧)、1 段外圆锥面、2 个端面等组成的多台阶盘盖类零件,如图 2-2-1 所示,按图所标注的尺寸和技术要求完成零件的车削,采用图 1-2-1 所示零件的右端部分为毛坯。

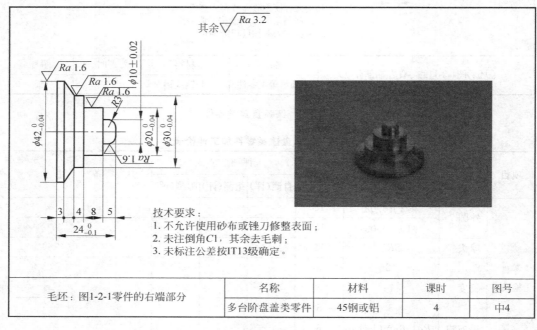

技术要求:
1. 不允许使用砂布或锉刀修整表面;
2. 未注倒角C1,其余去毛刺;
3. 未标注公差按IT13级确定。

毛坯:图1-2-1零件的右端部分	名称	材料	课时	图号
	多台阶盘盖类零件	45钢或铝	4	中4

图 2-2-1　多台阶盘盖类零件

 **任务目标**

(1) 掌握 G72、G70 指令加工多台阶盘盖类端面。

(2) 合理选择车削端面的切削用量。

(3) 熟记 G72、G70 指令的编程格式及参数含义,理解该指令的含义及用法。

(4) 能根据图纸正确制订加工工艺,并进行程序编制与加工。

(5) 能对多台阶盘盖类零件的精度进行控制。

对加工零件图 2-2-1 进行任务分析,填写表 2-2-1。

表 2-2-1　多台阶盘盖类零件加工任务分析表

分 析 项 目		分 析 结 果
做什么	1. 结构主要特点	
	2. 尺寸精度要求	
	3. 毛坯特点	零件的材料为 45 钢或铝,切削加工性能好,不用经过热处理。下图左端部分为零件加工毛坯。 本节任务的材料 槽类零件
	4. 其他技术要求	
怎么做	1. 需要什么量具	
	2. 需要什么夹具	
	3. 需要什么刀具	
	4. 需要什么编程知识	
	5. 需要什么工艺知识	
	6. 其他方面(注意事项)	
要完成这个任务	1. 最需要解决的问题是什么	
	2. 最难解决的问题是什么	

一、端面切削循环指令

1. G72 端面粗切削循环指令

格式:

G72 W △d Re;
G72 P ns Q nf U △u W △w F f;

说明:

△d:粗车时 Z 轴的切削量,△d<刀宽,无符号,进刀方向由 ns 程序段的移动方向

决定。

　　e：粗车时 Z 轴的退刀量，无符号，退刀方向与进刀方向相反。

　　ns：指定精加工路线的第一个程序段号。

　　nf：指定精加工路线的最后一个程序段号。

　　Δu：X 轴方向上的精加工余量（直径量）和方向（外轮廓用"＋"，内轮廓用"－"）。

　　Δw：Z 轴方向上的精加工余量和方向。

　　在 ns～nf 程序段内的 F、S、T 功能无效。在整个粗车循环中，只执行循环开始前指令的 F、S、T 功能。

　　G72 与 G71 加工轨迹类似，只是加工的切削方向不同，G72 是 X 轴方向切削，其刀具运动轨迹如图 2-2-2 所示。

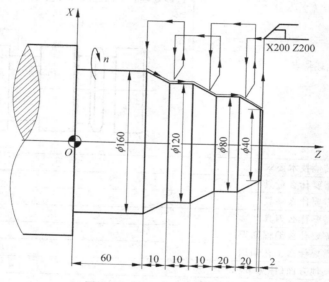

图 2-2-2　G72 指令的走刀轨迹

2. 精加工循环 G70

格式：

G70 P＿＿ Q＿＿ F＿＿；

　　在 G71、G72、G73 指令粗加工后使用，表示精切削 P～Q 的程序段，执行程序段中的 F、S、T。

　　例：使用径向循环指令 G72 对图 2-2-3 所示的精车路线进行编程，走刀轨迹如图 2-2-4 所示。

```
O2006;                   程序号
N10 T0202 M3 S350;       调用 02 号切槽刀，主轴正转，转速为 350r/min
N15 G0 X100 Z100;        安全位置点
N20 G98;                 进给方式，mm/min
N30 G0 X42 Z3;           快速移动到下刀点，X42，Z3
```

N40 G72 W2 R0.5;　　　　　利用 G72 端面粗切削循环指令,每次 Z 轴方向切深 2mm,退
　　　　　　　　　　　　　　刀量 0.5mm

N50 G72 P60 Q120 U0.5 W0.2 F150;　　X 轴留余量 0.5mm,Z 轴留余量 0.2mm

N60 G0 Z−45;　　　　　　　精加工轮廓程序第一段

N70 G1 X30 F50;　　　　　　切削进给

N80 Z−35;　　　　　　　　切削进给

N90 X20 Z−30;　　　　　　切削进给

N100 Z−20;　　　　　　　切削进给

N110 G2 X10 Z−15 R5;　　　切削进给

N120 G1 X10 Z0;　　　　　精加工轮廓程序最后一段

N130 G70 P60 Q120;　　　　G70 精加工

N140 G0 X100 Z100;　　　　退刀

N150 T0100;　　　　　　　取消刀补,调用 1 号刀

N160 M30;　　　　　　　　程序结束

　%　　　　　　　　　　　程序结束符

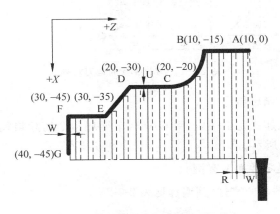

图 2-2-3　G72 切削的轮廓

3. 利用 G72 指令编程时应注意几个问题

(1) 精车轨迹程序第一段只能含 Z,不能有 X。

(2) G72 循环前的定位点必须是毛坯以外并且靠近工件毛坯的点,因为该点会被系统认为毛坯的大小,即从该点起开始粗加工零件。

(3) 应用 G72 循环粗加工时,精加工轮廓程序起始段必须是 Z 轴方向运动,不可以有 X 轴运动;否则报警,程序不能执行;轮廓形状在平面构成(X 轴、Z 轴)上必须是单调增加或单调减小。

(4) G70 精车循环之前的定位点,要求是毛坯外的点,该点将被系统认为精加工结束后的退刀点,若小于毛坯,将会出现撞刀事故。

二、盘盖零件的加工工艺

1. G72 端面粗切削循环指令的特点

G72 端面粗切循环指令适合切除棒料毛坯的大部分加工余量,主要用于对轴向尺寸要求比较高,径向尺寸大于轴向尺寸的毛坯工件进行粗车加工。

G72 和 G70 的走刀轨迹如图 2-2-4 所示，该指令根据编程参数，以阶梯轨迹法自动实现轮廓粗加工，并在最后一刀沿轮廓表面留均匀余量加工零件。

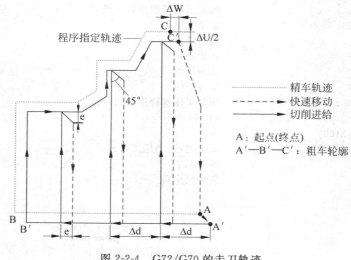

A：起点(终点)
A′—B′—C′：粗车轮廓

图 2-2-4 G72/G70 的走刀轨迹

2. G70 外圆精车循环特点

当用 G72 指令粗加工完工件后，用 G70 精车循环指令切除粗加工余量，A′→B 为精加工轨迹，如图 2-2-4 所示。

3. 多台阶盘盖类零件加工实例

加工表 2-2-2 中图示的零件，其编程见表 2-2-2。

表 2-2-2 多台阶盘盖类零件加工实例

编程实例图	刀具及切削用量表		
$\phi160$ $\phi120$ $\phi80$ $\phi40$ 20 40 50 60 70	刀具	T0101 93° 外圆正偏刀	T0202 4mm 切断刀
	主轴转速 S	1000r/min	350r/min
	进给量 F	100mm/min	≤40mm/min
	背吃刀量 a_p	<2mm	≤4mm
用 G72 指令加工程序	程 序 说 明		
O2007;	程序号		
N10 T0202 S350 M03;	调用 02 号刀，主轴转速为 350r/min		

续表

用 G72 指令加工程序	程 序 说 明
N20 G0 X100 Z100;	安全位置点
N30 G98;	进给方式,mm/min
N40 G0 X162 Z2;	快速移动到起点,X162,Z2 处
N50 G72 W2 R0.5;	利用 G72 端面复合固定循环指令,每次 Z 轴向
N60 G72 P70 Q140 U0.5 W0.1 F50;	切深 2mm,退刀量 0.5mm
N70 G0 Z−70;	切削进给
N80 G01 X160 F30;	切削进给
N90 X120 Z−60;	切削进给
N100 Z−50;	切削进给
N110 X80 Z−40;	切削进给
N120 Z−20;	切削进给
N130 X40 Z0;	切削进给
N140 Z2;	切削进给
N160 G0 X100 Z100 M5;	退刀,主轴停转
N170 T0202 S1500 M03;	调用 02 号刀,主轴转速为 31500r/min
N180 G0 X162 Z2;	快速移动到下刀点,X162,Z2
N190 G70 P70 Q140;	精加工
N200 G0 X100 Z100 M5;	退刀,主轴停转
N210 M30;	程序结束
%	程序结束符

三、车削盘盖类零件时出现的问题及其产生原因和预防措施

车削盘盖类零件时出现的问题及其产生原因和预防措施,见表 2-2-3。

表 2-2-3　车削盘盖类零件时出现的问题及其产生的原因和预防措施

问 题 现 象	产生的原因	预 防 措 施
程序不执行	1. G72 指令只能加工 X 轴、Z 轴单调增加或单调减小的工件; 2. 刀具参数不准确; 3. 程序错误	1. 重新使用编程指令; 2. 调整或重新设定刀具参数; 3. 检查修改程序
刀具移动方向不正确	1. 程序错误; 2. 走刀设计错误	1. 检查修改程序; 2. 重新设计走刀路线
装夹不稳,易滑落	长度方面尺寸较小,直径方向尺寸较大,工件偏短,不易装夹	在保证加工情况下,尽量多装夹一些,另外借助一些辅助夹具,如开口夹等
车削盘盖类零件过程中出现刀具扎入端面现象,造成刀尖崩裂	1. 进给量过大; 2. 切屑阻塞; 3. 刀具安装角度不合理; 4. 刀尖角太尖	1. 减小进给量; 2. 采用断续切入法; 3. 安装刀具时注意角度; 4. 刃磨时注意刀尖角大小

一、任务准备

(1) 零件图工艺分析,提出工艺措施。

(2) 确定刀具,将选定的刀具参数填入表 2-2-4 中,以便于编程和任务实施。

表 2-2-4   盘盖类零件数控加工刀具卡

项目代号			零件名称		零件图号	
序号	刀具号	刀具规格名称	数 量	加工表面	刀尖半径/mm	备 注
编制:	审核:		批准:			共 页

(3) 确定装夹方案和切削用量,根据被加工零件的技术要求、刀具材料、工件材料等,参考切削手册或有关参考书选取合适的切削速度、进给速度和背吃刀量,结合工艺措施,填写表 2-2-5。

表 2-2-5   盘盖类零件数控加工工序卡

单位名称			项目代号	零件名称		零件图号	
工序号	程序编号		夹具名称	使用设备		车 间	
工步号	工步内容	刀具号	刀具规格/mm	主轴转速/(r/min)	进给速度/(mm/min)	背吃刀量/mm	备 注
编制:	审核:			批准:			共 页

情景链接,视频演示

(1) 如果不会操作加工时,可以看一看视频,视频演示可作为操作的示范。

(2) 如果不知道 G72 的走刀路线,可以看一看视频,视频演示可作为编程的参考。

（3）如果你不想看，那么，自己做完后，看一看视频演示中操作加工与你的操作加工有什么不同。

以上操作步骤视频，可以扫描二维码观看。

二、编写加工程序

根据前期的规划和图纸要求编写加工程序，填写表2-2-6。

表2-2-6　盘盖零件数控加工程序表

编程零件图	走刀路线简图

其余 $\sqrt{Ra\ 3.2}$

$Ra\ 1.6$　$Ra\ 1.6$　$\phi10\pm0.02$　$Ra\ 1.6$

$R3$　$\phi20_{-0.04}^{0}$　$\phi30_{-0.04}^{0}$

$\phi42_{-0.04}^{0}$　$Ra\ 1.6$

3　4　8　5

$24_{-0.1}^{0}$

技术要求：
1. 不允许使用砂布或锉刀修整表面；
2. 未注倒角C1，其余去毛刺；
3. 未标注公差按IT13级确定。

加　工　程　序	程　序　说　明

续表

加 工 程 序	程 序 说 明

三、模拟加工

(1) 开机,回参考点。

(2) 编写并输入加工程序。

(3) 启动模拟加工,检查程序。

在模拟加工时,检查加工程序是否正确,如有问题立即修改。

四、真实加工

(1) 装夹工件和刀具。

(2) 试切法对刀。

(3) 单步加工无误后自动连续加工。

(4) 测量,修改刀具磨损值,进行加工过程的质量控制。

(5) 检测,合格后取下工件。

(6) 工件调头车端面,检验合格后卸下工件。

(7) 数控车床的维护、保养及场地的清扫。

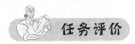

任务评价

根据表 2-2-7 中各项指标,对多台阶盘盖类零件加工情况进行评价。

表 2-2-7 多台阶盘盖类零件加工评价表

项目	指标		分值	评价方式			备 注
				自测(评)	组测(评)	师测(评)	
零件检测	外圆	$\phi 42_{-0.04}^{0}$	10				
		$\phi 30_{-0.04}^{0}$	10				
		$\phi 20_{-0.04}^{0}$	10				
		$\phi 10 \pm 0.02$	10				
	圆弧	$R3$	8				
	长度	$24_{-0.1}^{0}$	6				
		5、8	4				
		3、4	2				
	表面粗糙度	$Ra1.6\mu m(4\,处)$	12				
		$Ra3.2\mu m(2\,处)$	3				
技能技巧	加工工艺(程序合理不合理)		5				结合加工过程与加工结果,综合评价
	提前、准时、超时完成		5				
职业素养	场地和车床保洁		5				对照 7S 管理要求规范进行评定
	工量具定置管理		5				
	安全文明生产		5				
合计			100				
综合评价							

注:

1. 评分标准

零件检测:尺寸超差 0.01mm,扣 5 分,扣完本尺寸分值为止;表面粗糙度每降一级,扣 3 分,扣完为止。

技能技巧和职业素养,根据现场情况,由老师和同学协商执行。

2. 测评者说明

自测:由自己测量和评价,有数据的把数据填入表中,并根据评分标准评分。

组测:由自己所在组的组长测量和评价,组长间相互测量和评价,组长把数据填入表中并评分。

师测:由教师测量和评价,教师把数据填入表中给予评分。

评分说明:如果学生自测时,测出数据偏差较大,建议师傅(或教师)从总得分里酌情扣除一定的分数(由师生共同协商而定)。

任务总结

完成任务后,请同学们进行总结与反思,对本任务有何体会和感悟,填写表 2-2-8。

表 2-2-8   体会与感悟

最大的收获	
存在的问题	
改进的措施	

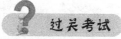 过关考试

一、选择题

1. G70 指令是(   )。

   A. 精加工切削循环指令   B. 圆柱粗车削循环指令

   C. 端面车削循环指令   D. 螺纹车削循环指令

2. 下列 G 指令中,(   )是非模态指令。

   A. G72   B. G01   C. G04   D. G02

3. 车床数控系统中,端面粗加工固定循环车削指令是(   )。

   A. G71   B. G73   C. G75   D. G72

4. 下列属于单一固定循环的指令是(   )。

   A. G72   B. G75   C. G94   D. G50

5. 暂停 5s,下列指令正确的是(   )。

   A. G04 P5000   B. G04 P500

   C. G04 P50   D. G04 P5

6. 在 G72 W−2 R0.5;程序格式中,(   )表示 Z 轴方向间断切削长度。

   A. 72   B. −2   C. 0.5   D. 2

7. 一般用于检验配合精度要求较高圆锥工件的是(   )。

   A. 角度样板

   B. 游标万能角尺度

   C. 圆锥量规涂色

   D. 角度样板,游标万能角尺度,圆锥量规涂色都可以

8. 程序段 G75 X20.0 P5.0 F15 中,X20.0;的含义是(   )。

   A. 沟槽深度   B. X 的退刀量

　　C. 沟槽直径　　　　　　　　　　D. X 的进刀量

9. 下列说法错误的是（　　）。

　　A. 切槽刀的刃宽要测量准确，否则会影响槽宽的尺寸精度

　　B. 安装切槽刀时，切槽刀左右两边副偏角要对称，刀刃中心线与工件轴线垂直

　　C. 切槽时，其切削用量比车外圆时大一些

　　D. 精度要求高的槽，要有精加工步骤

10. 下列说法错误的是（　　）。

　　A. 槽底留有振纹，可能是工件装夹不合理

　　B. 槽的宽度不正确，不可能是刀具的问题

　　C. 槽的深度不正确，不可能是测量的问题

　　D. 槽的位置不正确，不可能是程序问题

二、填空题

图 2-2-5 所示圆弧盘盖零件的加工顺序为 _____。

① 车端面　　　　　　　② 车外圆　　　　　　③ 装夹工件

④ 拆卸工件，质量检查　　⑤ 倒角　　　　　　　⑥ 调头装夹

三、技能题

1. 加工圆弧端盖零件

圆弧端盖零件如图 2-2-5 所示。

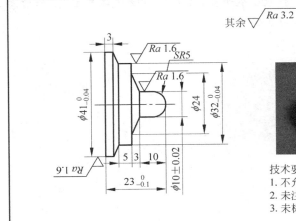

技术要求：
1. 不允许使用砂布或锉刀修整表面；
2. 未注倒角C1，其余去毛刺；
3. 未标注公差按IT13级确定。

毛坯：图1-2-9零件的右端部分	名称	材料	课时	图号
	圆弧端盖零件	45钢或铝	3	闯4

图 2-2-5　圆弧端盖零件

2. 加工评价

圆弧端盖零件的加工评价见表 2-2-9。

表 2-2-9　圆弧端盖零件加工评价表

项目	指标		分值	评价方式			备　注
				自测(评)	组测(评)	师测(评)	
零件检测	外圆	$\phi41_{-0.04}^{0}$	10				
		$\phi32_{-0.04}^{0}$	10				
		$\phi10\pm0.02$	10				
	球头	$SR5$	10				
	圆锥	$\phi24$	3				
		3	2				
	长度	$23_{-0.1}^{0}$	10				
		10	3				
		3、5	2				
	表面粗糙度	$Ra1.6\mu m$(3 处)	9				
		$Ra3.2\mu m$(3 处)	6				
技能技巧	加工工艺		5				结合加工过程与加工结果,综合评价
	提前、准时、超时完成		5				
职业素养	场地和车床保洁		5				对照 7S 管理要求规范进行评定
	工量具定置管理		5				
	安全文明生产		5				
合计			100				
综合评价							

☺ 你完成、通过了两个任务,并获得了 100 个积分,恭喜你闯过蓝领员工关,你现在是灰领员工,你可以进入灰领员工关的学习了。

螺纹类零件的加工(灰领员工关)

本关主要学习内容：理解普通三角螺纹的基本参数及其计算方法；理解普通三角螺纹的加工方法和加工特点；理解普通三角螺纹车刀种类及其几何角度；掌握 G32、G92 等基本指令的编程格式及其参数含义，并运用该指令加工；掌握切削普通三角螺纹的编程和加工；掌握普通三角螺纹的加工质量检测及控制。本关有两个学习任务，一个任务是螺纹小轴加工；另一个任务是螺纹台阶轴加工。

任务1　螺纹小轴加工

 **任务描述**

本任务是加工由 1 段外圆柱面、1 个外直槽、1 段三角螺纹面、2 个端面等组成的螺纹小轴，如图 3-1-1 所示，按图所标注的尺寸和技术要求完成零件的车削。采用图 1-2-1 零件的中间部分为毛坯。

 **任务目标**

(1) 使用 G32、G97 指令加工螺纹面。

(2) 合理选择并安装螺纹车刀。

(3) 熟记 G32、G99 指令的编程格式及参数含义，理解该指令的含义及用法。

(4) 能根据图纸正确制订加工工艺，并进行程序编制与加工。

(5) 掌握普通三角螺纹的检测。

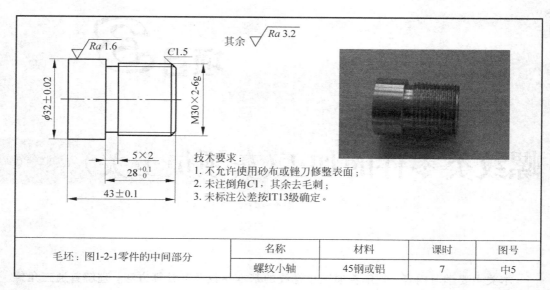

技术要求：
1. 不允许使用砂布或锉刀修整表面；
2. 未注倒角C1，其余去毛刺；
3. 未标注公差按IT13级确定。

毛坯：图1-2-1零件的中间部分	名称	材料	课时	图号
	螺纹小轴	45钢或铝	7	中5

图 3-1-1　螺纹小轴

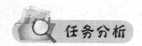

任务分析

对加工零件图 3-1-1 进行任务分析，填写表 3-1-1。

表 3-1-1　螺纹小轴加工任务分析表

分 析 项 目		分 析 结 果
做什么	1. 结构主要特点	
	2. 尺寸精度要求	
	3. 毛坯特点	
	4. 其他技术要求	
怎么做	1. 需要什么量具	
	2. 需要什么夹具	
	3. 需要什么刀具	
	4. 需要什么编程知识	
	5. 需要什么工艺知识	
	6. 其他方面（注意事项）	
要完成这个任务	1. 最需要解决的问题是什么	
	2. 最难解决的问题是什么	

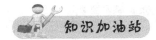

一、普通三角形螺纹的尺寸计算

1. 普通三角形螺纹的基本牙型参数

普通三角形螺纹的基本牙型参数如图3-1-2所示。

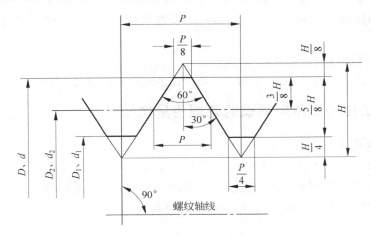

图 3-1-2 普通三角螺纹的牙型参数

D—内螺纹大径(公称直径);d—外螺纹大径(公称直径);D_2—内螺纹中径;d_2—外螺纹中径;D_1—内螺纹小径;d_1—外螺纹小径;P—螺距;H—螺纹原始高度

2. 普通三角形外螺纹基本要素的计算

普通三角形外螺纹基本要素的计算公式见表3-1-2。

表 3-1-2 普通三角形外螺纹基本要素的计算公式

基 本 要 素	计 算 公 式	备 注
牙型角(α)	$60°$	
螺纹大径(d)	$d=$公称直径	
螺纹小径(d_1)	$d_1=d-1.0825P$	公式(3-1-1)
螺纹中径(d_2)	$d_2=d-0.6495P$	公式(3-1-2)
牙型高度(h_1)	$h_1=0.5413P$	公式(3-1-3)

例：如图3-1-1所示的零件,试计算外三角形螺纹 M30×2-6g 的基本要素。

解：根据计算公式得表3-1-3。

表 3-1-3　M30×2-6g 的基本要素

基 本 要 素	计 算 公 式	求 M30×2-6g 的基本要素尺寸
螺纹大径(d)	d=公称直径	d=30mm
螺纹小径(d_1)	$d_1=d-1.0825P$	$d_1=30-1.0825\times2=27.835$(mm)
螺纹中径(d_2)	$d_2=d-0.6495P$	$d_2=30-0.6495\times2=28.701$(mm)
牙型高度(h_1)	$h_1=0.5413P$	$h_1=0.5413\times2=1.0826$(mm)

说明：在螺纹大径加工时，直径加工到零线位置的牙顶很尖，由于刀具的锋利程度和切削力的原因致使材料往上挤出毛刺，所以在实际加工中，螺纹大径外圆一般车小 $0.1P$。

实际车削外圆柱面的直径：

$$d_实 = d-0.1P = 30-0.1\times2 = 29.8(\text{mm}) \tag{3-1-4}$$

二、加工普通三角形螺纹的切削用量选择

1. 主轴转速 n

在数控车床上加工螺纹，主轴转速受数控系统、螺纹导程、刀具、零件尺寸和材料等多种因素影响。不同的数控系统，有不同的推荐主轴转速范围，操作者在仔细查阅说明书后，可根据实际情况选用。大多数经济型数控车床车削螺纹时，推荐主轴转速为

$$n \leqslant 1200/Ph - K \tag{3-1-5}$$

式中：P——螺纹的螺距，mm；

$\qquad h$——螺纹的线数，mm；

$\qquad K$——保险系数，一般取 80；

$\qquad n$——主轴转速，r/min。

例：加工 M30×2-6g 普通螺纹，试确定主轴转速 n。

解：根据公式(3-1-5)得

$$n \leqslant 1200/2\times1-80$$

$$\leqslant 520(\text{r/min})$$

所以，加工 M30×2-6g 普通螺纹时，主轴转速应控制在 520r/min 之内。

2. 切削深度 a_p 的选用

由于螺纹车削加工为成形车削，刀具强度较差，且切削进给量较大，刀具所受的切削力也很大，所以，一般要求分数次进给加工，并按递减趋势选择相对合理的切削深度，见表 3-1-4。

3. 加工普通三角形螺纹的进刀方法

在数控车床上加工螺纹时，进刀方法通常有直进法和斜进法。当螺距 $P<3$mm 时，

表 3-1-4 常见公制螺纹切削的走刀次数和切削深度

项目		公制螺纹/mm						
螺距		1.0	1.5	2.0	2.5	3.0	3.5	4.0
牙深		0.65	0.975	1.3	1.625	1.95	2.275	2.6
切深(直径值)		1.3	1.95	2.6	3.25	3.9	4.55	5.2
走刀次数及切削余量	1次	0.7	0.8	0.9	1.0	1.2	1.5	1.5
	2次	0.4	0.5	0.6	0.7	0.7	0.7	0.8
	3次	0.2	0.5	0.6	0.6	0.6	0.6	0.6
	4次		0.15	0.4	0.4	0.4	0.6	0.6
	5次			0.1	0.4	0.4	0.4	0.4
	6次				0.15	0.4	0.4	0.4
	7次					0.2	0.2	0.4
	8次						0.15	0.3
	9次							0.2

一般采用直进法;螺距 $P>3$mm 时,一般采用斜进法。

三、加工普通螺纹的指令代码

1. 恒转速控制指令 G97

(1) 格式

G97 S __;(S0000~S9999,前导零可省略)

(2) 代码功能

① 取消恒线速控制,恒转速控制有效,给定主轴转速(r/min)。

② G97 是模态代码,也是初态代码,如果当前为 G97 模态,可以不输入 G97。

螺纹切削时,为了保证螺纹加工精度,不要采用恒转速控制,应在 G97 状态下进行螺纹切削。

2. 等螺距螺纹切削指令 G32

(1) 格式

① 带退刀槽的螺纹

G32 X(U)__ Z(W)__ F(I)__;

说明:

X(U)、Z(W):螺纹插补的终点坐标。

F:公制螺纹的导程/螺距,其取值范围:0.001~500mm。

I:英制螺纹的牙数,其取值范围:0.06~254000牙/英寸。

② 没有退刀槽的螺纹

G32 X(U)__ Z(W)__ F(I)__ J __ K __;

说明：

J：螺纹退尾时在短轴方向的移动量（退尾量），带正负方向；如果短轴是 X 轴，该值为半径值指定，J 值是模态参数。

K：螺纹退尾时在长轴方向的长度。如果长轴是 X 轴，则该值为半径指定，不带方向，K 值是模态参数。

（2）功能

① 加工等螺距的直螺纹。

② 加工等螺距的锥螺纹。

③ 加工等螺距的端面螺纹。

④ 加工等螺距连续的多段螺纹。

⑤ G32 的走刀路线图，如图 3-1-3 所示。

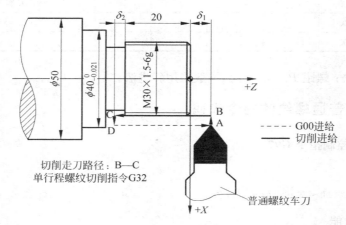

切削走刀路径：B—C
单行程螺纹切削指令 G32

图 3-1-3　G32 的走刀路线图

说明：

δ_1——升速进刀段，螺纹有效长度 L 前增加一个导程以上的长度。

δ_2——减速退刀段，螺纹有效长度 L 后增加半个导程以上的长度。

（3）G32 使用注意事项

① 在切削螺纹时，进给倍率无效。

② 切削螺纹过程中，进给保持功能无效，当按了进给保持键，将在执行完切削螺纹状态后的第一个非螺纹程序段中，才执行暂停功能。

③ 切削加工螺纹时，不能改变主轴的速度，同时每一刀的起点必须相同，否则会产生乱扣的现象。

④ 省略 J 或 J、K 时，无退尾；省略 K 时，按 K=J 退尾。

⑤ 当前程序段为螺纹切削，下一程序段也为螺纹切削，在下一程序段切削开始时不检测主轴位置编码器的一转信号，直接开始螺纹加工，此功能可实现连续螺纹加工。

3. 有退刀槽的等螺距螺纹加工实例

加工表 3-1-5 中图示的零件，其编程见表 3-1-5。

表 3-1-5 有退刀槽的等螺距螺纹加工实例

编程实例图	刀具及切削用量表	
	刀具	T0303 60° 外三角螺纹刀
	主轴转速 S	500r/min
	进给量 F	2mm/r
	背吃刀量 a_p	第1刀：0.45mm
		第2刀：0.3mm
		第3刀：0.3mm
		第4刀：0.2mm
		第5刀：0.05mm

用 G32 螺纹加工程序	程序说明
O2008；	程序号
…	粗、精车外圆和切槽
N10 T0303 M8；	调用03号螺纹刀，打开冷却液
N20 G00 X31 Z4 M03 S500；	主轴正转，转速为500r/min，快速接近工件
N30 G00 X29.1；	快速进刀，切深0.9mm
N40 G32 Z－24 F2；	切削螺纹第1刀
N50 G00 X31；	沿 X 轴退刀
N60 Z4；	沿 Z 轴退刀
N70 G00 X28.5；	快速进刀，切深0.6mm
N80 G32 Z－24 F2；	切削螺纹第2刀
N90 G00 X31；	沿 X 轴退刀
N100 Z4；	沿 Z 轴退刀
N110 G00 X27.9；	快速进刀，切深0.6mm
N120 G32 Z－24 F2；	切削螺纹第3刀
N130 G00 X31；	沿 X 轴退刀
N140 Z4；	沿 Z 轴退刀
N150 G00 X27.5；	快速进刀，切深0.4mm
N160 G32 Z－24 F2；	切削螺纹第4刀
N170 G00 X31；	沿 X 轴退刀
N180 Z4；	沿 Z 轴退刀
N190 G00 X27.4；	快速进刀，切深0.1mm
N200 G32 Z－24 F2；	切削螺纹第5刀
N210 G00 X90 M05；	沿 X 轴退刀，停止主轴
N220 Z90 M09；	沿 Z 轴退刀，停止冷却液
N230 M30；	程序结束
％	程序结束符

4. 无退刀槽的等螺距螺纹加工实例

加工表 3-1-6 中图示的零件,其编程见表 3-1-6。

表 3-1-6 无退刀槽的等螺距螺纹加工实例

编程实例图	刀具及切削用量表	
	刀具	T0303 60° 外三角螺纹刀
	主轴转速 S	500r/min
	进给量 F	2mm/r
	背吃刀量 a_p	第 1 刀:0.45mm
		第 2 刀:0.3mm
		第 3 刀:0.3mm
		第 4 刀:0.2mm
		第 5 刀:0.05mm
用 G32 螺纹加工程序	**程 序 说 明**	
O2009;	程序号	
…	粗、精车外圆和切槽	
N05 T0303 M8;	调用 03 号螺纹刀,打开冷却液	
N10 G00 X31 Z4 M03 S500;	主轴正转,转速为 500r/min,快速接近工件	
N20 G00 X29.1;	快速进刀,切深 0.9mm	
N30 G32 Z—24 F2 J1.3 K1.5;	切削螺纹第 1 刀,设置螺纹退尾	
N40 G00 X31;	沿 X 轴退刀	
N50 Z4;	沿 Z 轴退刀	
N60 G00 X28.5;	快速进刀,切深 0.6mm	
N70 G32 Z—24 F2 J1.3 K1.5;	切削螺纹第 2 刀	
N80 G00 X31;	沿 X 轴退刀	
N90 Z4;	沿 Z 轴退刀	
N100 G00 X27.9;	快速进刀,切深 0.6mm	
N110 G32 Z—24 F2 J1.3 K1.5;	切削螺纹第 3 刀	
N120 G00 X31;	沿 X 轴退刀	
N130 Z4;	沿 Z 轴退刀	
N140 G00 X27.5;	快速进刀,切深 0.4mm	
N150 G32 Z—24 F2 J1.3 K1.5;	切削螺纹第 4 刀	
N160 G00 X31;	沿 X 轴退刀	
N170 Z4;	沿 Z 轴退刀	
N180 G00 X27.4;	快速进刀,切深 0.1mm	
N190 G32 Z—24 F2 J1.3 K1.5;	切削螺纹第 5 刀	
N200 G00 X90 M05;	沿 X 轴退刀,停止主轴	
N210 Z90 M09;	沿 Z 轴退刀,停止冷却液	
N220 M30;	程序结束	
%	程序结束符	

四、普通外三角螺纹的测量方法

1. 单项测量法

（1）测量大径。螺纹大径公差较大，一般采用游标卡尺或千分尺测量。

（2）测量螺距。螺距一般可用钢直尺或螺距规测量，用钢直尺测量时需多量几个螺距的长度，再除以所测牙数，得出平均值，如图 3-1-4(a)所示。用螺距规测量时，螺距规样板应平行轴线方向放入牙型槽中，应使工件螺距与螺距规样板完全符合，如图 3-1-4(b)所示。

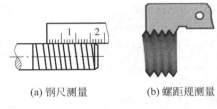

(a) 钢尺测量　　　　　(b) 螺距规测量

图 3-1-4　螺距的测量方法

2. 综合测量法

综合测量法是采用极限量规对螺纹的基本要素（螺纹大径、中径和螺距等）同时进行综合测量的方法。测量外螺纹时可采用螺纹环规，螺纹环规分为通规和止规，如图 3-1-5 所示。综合测量法测量效率高，使用方便，能较好地保证互换性，广泛用于对标准螺纹或大批量生产螺纹的检测。

(a) 螺纹通规　　　　　(b) 螺纹止规

图 3-1-5　螺纹环规

五、车削螺纹时产生废品的原因及预防措施

车削螺纹时产生废品的原因及预防措施见表 3-1-7。

表 3-1-7　车削螺纹时产生废品的原因及预防措施

问题现象	产生的原因	预防措施
螺纹螺距不正确	1. 程序错误； 2. 主轴转速改变； 3. 螺纹起点 Z 轴坐标改变； 4. 机床故障	1. 检查修改程序； 2. 粗、精加工转速一致； 3. 不能改变螺纹起点 Z 轴坐标； 4. 检修机床
螺纹牙型角不正确	1. 螺纹刀角度不对； 2. 刀具安装不正确	1. 使用万能角度尺正确刃磨刀具； 2. 使用万能角度尺安装刀具

续表

问 题 现 象	产生的原因	预 防 措 施
螺纹大径变大	1. 刀具螺旋角太小或刀具不锋利; 2. 螺纹实际外圆没有减小 0.1P; 3. 程序错误; 4. 测量错误	1. 修磨合格的螺纹刀; 2. 公称直径车小 0.1P; 3. 检查程序; 4. 仔细测量
螺纹表面粗糙度偏大	1. 螺纹刀具刃磨粗糙; 2. 主轴转速太高引起振动; 3. 切深太深引起振动; 4. 工件、刀具刚性差	1. 刃磨正确的刀具; 2. 选择合适的转速; 3. 选择合适的切深; 4. 尽量缩短工件或加后顶尖加工
环规检测螺纹时过紧、过松或尾端卡住	1. 螺纹刀具刀尖角不合适; 2. 螺纹减速退刀段长度不够长; 3. 程序错误	1. 刃磨正确的刀具; 2. 适当增长减速退刀段长度; 3. 检查修改程序
环规检测螺纹松紧不一	1. 刀具中心没有对正主轴中心; 2. 螺纹上有毛刺或者铁屑; 3. 牙型角不对	1. 调整刀具高度,对准机床主轴中心高度; 2. 刃磨刀具或更换刀片; 3. 刃磨及安装正确牙型角

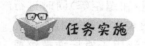

一、任务准备

(1) 零件图工艺分析,提出工艺措施。

(2) 确定刀具,将选定的刀具参数填入表 3-1-8 中,以便于编程和任务实施。

表 3-1-8　螺纹小轴数控加工刀具卡

项目代号		零件名称			零件图号	
序号	刀具号	刀具规格名称	数量	加工表面	刀尖半径/mm	备　注
编制:		审核:		批准:		共　页

(3) 确定工具,将加工螺纹小轴需要的工具填入表 3-1-9 中。

表 3-1-9　螺纹小轴加工工具清单

工具清单			图号		
序号	名　　称	规　格	精度	单位	数　量

（4）确定装夹方案和切削用量,根据被加工零件的技术要求、刀具材料、工件材料等,参考切削手册或有关参考书选取合适的切削速度、进给速度和背吃刀量,结合工艺措施,填写表 3-1-10。

表 3-1-10　螺纹小轴数控加工工序卡

单位名称			项目代号	零件名称		零件图号	
工序号	程序编号		夹具名称	使用设备		车　间	
工步号	工步内容	刀具号	刀具规格/mm	主轴转速/(r/min)	进给速度/(mm/min)	背吃刀量/mm	备　注
编制:		审核:		批准:		共　页	

（5）选择量具,检测螺纹小轴需要外径千分尺等量具,填写表 3-1-11。

表 3-1-11　螺纹小轴加工量具清单

量具清单			图号		
序号	名　称	规　格	精度	单位	数　量

情景链接,视频演示

（1）如果不会操作加工时,可以看一看视频,视频演示可作为操作的示范。

（2）如果不知道 G32 的走刀路线,可以看一看视频,视频演示可作为编程的参考。

（3）如果你不想看,那么,自己做完后,看一看视频演示中操作加工与你的操作加工有什么不同。

以上操作步骤视频,可以扫描二维码观看。

二、编写加工程序

根据前期的规划和图纸要求编写加工程序,填写表 3-1-12。

表 3-1-12 螺纹小轴数控加工程序表

编程零件图	走刀路线简图

其余 $\sqrt{Ra\,3.2}$

$Ra\,1.6$ $C1.5$

$\phi32\pm0.02$ $M30\times2\text{-}6g$

5×2

$28^{+0.1}_{0}$

43 ± 0.1

技术要求:
1. 不允许使用砂布或锉刀修整表面;
2. 未注倒角C1,其余去毛刺;
3. 未标注公差按IT13级确定。

加 工 程 序	程 序 说 明

三、模拟加工

（1）开机，回参考点。

（2）编写并输入加工程序。

（3）启动模拟加工，检查程序。

在模拟加工时，检查加工程序是否正确，如有问题立即修改。

四、真实加工

（1）装夹工件和刀具。

（2）试切法对刀。

（3）单步加工无误后自动连续加工。

（4）测量，修改刀具磨损值，进行加工过程的质量控制。

（5）检测，合格后取下工件。

（6）数控车床的维护、保养及场地的清扫。

 任务评价

根据表 3-1-13 中各项指标，对螺纹小轴加工情况进行评价。

表 3-1-13　螺纹小轴加工评价表

项目	指　　标		分值	评价方式			备　　注
				自测(评)	组测(评)	师测(评)	
零件检测	外圆	$\phi 32 \pm 0.02$	12				
	长度	43 ± 0.1	10				
		$28^{+0.1}_{0}$	10				
	螺纹	$\phi 30$	2				
		M30×2-6g	15				
		牙型角60°	3				
	沟槽	5×2	5				
	倒角	C1.5	1				
		2×C1	2				
	表面粗糙度	$Ra1.6\mu m$(1 处)	9				
		$Ra3.2\mu m$(3 处)	6				
技能技巧	加工工艺		5				结合加工过程与加工结果，综合评价
	提前、准时、超时完成		5				

续表

项目	指　标	分值	评　价　方　式			备　注
			自测(评)	组测(评)	师测(评)	
职业素养	场地和车床保洁	5				对照 7S 管理要求规范进行评定
	工量具定置管理	5				
	安全文明生产	5				
合计		100				
综合评价						

注:
1. 评分标准
零件检测:尺寸超差 0.01mm,扣 6 分,扣完本尺寸分值为止;表面粗糙度每降一级,扣 3 分,扣完为止。
技能技巧和职业素养,根据现场情况,由老师和同学协商执行。
2. 测评者说明
自测:由自己测量和评价,有数据的把数据填入表中,并根据评分标准评分。
组测:由自己所在组的组长测量和评价,组长间相互测量和评价,组长把数据填入表中并评分。
师测:由教师测量和评价,教师把数据填入表中给予评分。
评分说明:如果学生自测时,测出数据偏差较大,建议师傅(或教师)从总得分里酌情扣除一定的分数(由师生共同协商而定)。

 **任务总结**

完成任务后,请同学们进行总结与反思,对本任务有何体会和感悟,填写表 3-1-14。

表 3-1-14　体会与感悟

最大的收获	
存在的问题	
改进的措施	

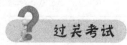 **过关考试**

一、选择题

1. 螺纹标注 M30×2-6g 中,6g 的其含义是(　　)。

    A. 螺纹大径公差　　　　　　　　　　B. 螺纹中径公差

　　C. 螺纹小径公差　　　　　　　　　　D. 螺纹长度

2. 下列可以加工螺纹的指令是(　　　)。

　　A. G00　　　　　　B. G01　　　　　　C. G71　　　　　　D. G32

3. 综合测量法测量外三角螺纹用(　　　)。

　　A. 钢尺　　　　　　B. 螺纹千分尺　　　C. 环规　　　　　　D. 游标卡尺

4. 用螺纹千分尺测量 M30×1.5 螺纹时,测量的中径值为(　　　)mm。

　　A. 28.701　　　　　B. 29.025　　　　　C. 29.8　　　　　　D. 28.376

5. 使用螺纹环规测量,(　　　)能确定螺纹合格。

　　A. 通规、止规均能全部旋入

　　B. 止规能旋入,通规不能旋入

　　C. 通规能旋入,止规不能旋入

　　D. 通规能旋入,止规旋入在 2 个螺距之内

6. 车削 M20×1 螺纹时,螺纹大径应车至(　　　)mm。

　　A. 20　　　　　　　B. 20.1　　　　　　C. 19.9　　　　　　D. 19.8

7. 螺纹指令 G32 的 I 代表(　　　)。

　　A. 螺纹 X 轴终点坐标　　　　　　　　B. 螺纹 Z 轴终点坐标

　　C. 螺距　　　　　　　　　　　　　　D. 英制螺纹英寸的牙数公制

8. 三角螺纹车刀的牙型角是(　　　)。

　　A. 55°　　　　　　　B. 30°　　　　　　C. 40°　　　　　　D. 60°

9. 粗加工螺纹时主轴转速为 300r/min,精加工时应选用(　　　)r/min。

　　A. 300

　　C. 500

　　B. 100

　　D. 1000

10. G32 不能加工(　　　)。

　　A. 直螺纹　　　　　　　　　　　　　B. 锥螺纹

　　C. 变节螺纹　　　　　　　　　　　　D. 端面螺纹

二、填空题

图 3-1-6 所示螺纹短轴的加工顺序为 _____。

① 对刀及验刀　　　　② 车外圆　　　　　③ 装夹工件

④ 数学处理　　　　　⑤ 去毛刺及检验工件　⑥ 编程并模拟

⑦ 零件加工工艺分析　⑧ 调头车外圆　　　　⑨ 切槽

⑩ 车螺纹

三、技能题

1. 加工螺纹短轴

螺纹短轴如图 3-1-6 所示。

2. 加工评价

螺纹短轴的加工评价见表 3-1-15。

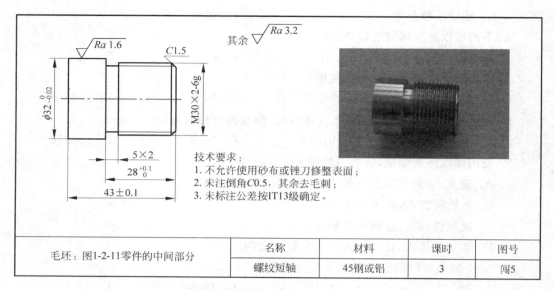

技术要求：
1. 不允许使用砂布或锉刀修整表面；
2. 未注倒角C0.5，其余去毛刺；
3. 未标注公差按IT13级确定。

毛坯：图1-2-11零件的中间部分	名称	材料	课时	图号
	螺纹短轴	45钢或铝	3	闯5

图 3-1-6 螺纹短轴

表 3-1-15 螺纹短轴的加工评价表

项目	指 标		分值	评 价 方 式			备 注
				自测(评)	组测(评)	师测(评)	
零件检测	外圆	$\phi32\pm0.02$	10				
	长度	$43^{+0.1}_{-0.1}$	10				
		$28^{+0.1}_{0}$	10				
	螺纹	$\phi30$	2				
		M30×2-6g	15				
		牙型角60°	3				
	沟槽	5×2	7				
	倒角	C1.5	1				
		2×C1	2				
	表面粗糙度	$Ra1.6\mu m$(1处)	9				
		$Ra3.2\mu m$(3处)	6				
技能技巧	加工工艺		5				结合加工过程与加工结果,综合评价
	提前、准时、超时完成		5				
职业素养	场地和车床保洁		5				对照7S管理要求规范进行评定
	工量具定置管理		5				
	安全文明生产		5				
合 计			100				
综合评价							

☆ 恭喜你完成、通过了第 1 个任务，并获得 50 个积分，继续加油，期待你闯过初级员工关（灰领）第 2 个任务。

任务2 螺纹台阶轴加工

**任务描述**

本任务是加工由1段三角螺纹面、2段外圆柱面、2个端面等组成的螺纹台阶轴,如图3-2-1所示,按图所标注的尺寸和技术要求完成零件的车削,采用图3-1-1的零件为毛坯。

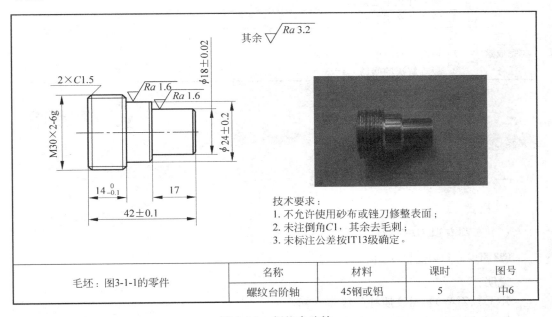

技术要求:
1. 不允许使用砂布或锉刀修整表面;
2. 未注倒角C1,其余去毛刺;
3. 未标注公差按IT13级确定。

毛坯:图3-1-1的零件	名称	材料	课时	图号
	螺纹台阶轴	45钢或铝	5	中6

图 3-2-1　螺纹台阶轴

**任务目标**

(1) 掌握 G92 指令加工三角螺纹。

(2) 掌握螺纹加工精度控制的技巧。

(3) 熟记 G92 指令的编程格式及参数含义,理解该指令的含义及用法。

(4) 能根据图纸正确制订加工工艺,并进行程序编制与加工。

(5) 能对螺纹台阶的加工误差进行分析。

议一议

**任务分析**

对加工零件图 3-2-1 进行任务分析,填写表 3-2-1。

表 3-2-1　螺纹台阶轴加工任务分析表

分　析　项　目		分　析　结　果
做什么	1. 结构主要特点	
	2. 尺寸精度要求	
	3. 毛坯特点	
	4. 其他技术要求	
怎么做	1. 需要什么量具	
	2. 需要什么夹具	
	3. 需要什么刀具	
	4. 需要什么编程知识	
	5. 需要什么工艺知识	
	6. 其他方面(注意事项)	
要完成这个任务	1. 最需要解决的问题是什么	
	2. 最难解决的问题是什么	

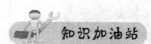

一、螺纹切削循环指令 G92

1. 格式

(1) 车削有退刀槽螺纹

G92 X(U)__ Z(W)__ F(I)__;

说明:

X(U)、Z(W):螺纹插补的终点坐标。

F:公制螺纹的导程/螺距,其取值范围为 0.001~500mm。

I:英制螺纹的牙数,其取值范围为 0.06~254000 牙/英寸。

(2) 车削多头螺纹

G92 X(U)__ Z(W)__ F(I)__ L__;

说明:

L:多头螺纹的头数,其取值范围为 1~99,模态参数(省略 L 时默认为单头螺纹)。

(3) 车削没有退刀槽螺纹

G92 X(U)__ Z(W)__ F(I)__ J__ K__;

2. 功能

(1) 加工等螺距的直螺纹。

(2) 加工等螺距的锥螺纹。

3. G92 的走刀路线图

G92 的走刀路线图如图 3-2-2 所示。

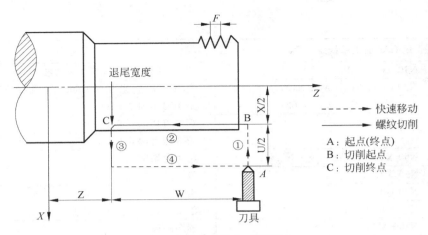

图 3-2-2 G92 的走刀路线图

其循环过程如下。

① X 轴从起点快速移动到切削起点。

② 从切削起点螺纹插补到切削终点。

③ X 轴以快速移动速度退刀(与①方向相反),返回到 X 轴绝对坐标与起点相同处。

④ Z 轴快速移动返回到起点,循环结束。

4. G92 使用注意事项

(1) G92 代码可以分多次进刀完成一个螺纹的加工,但不能实现两个连续螺纹的加工,也不能加工端面螺纹。

(2) 省略 J、K 时,按 No. 19 号参数设定值退尾。

(3) 其余与 G32 指令注意事项相同。

5. G92 螺纹切削循环加工实例

加工表 3-2-2 中图示的零件,其编程见表 3-2-2。

表 3-2-2 G92 螺纹切削循环加工实例

编程实例图	刀具及切削用量表	
	刀具	T0303 60°外三角螺纹刀
C1.5	主轴转速 S	500r/min
M30×2-6g	进给量 F	2mm/r
	背吃刀量 a_p	第 1 刀:0.45mm
6×2		第 2 刀:0.3mm
16		第 3 刀:0.3mm
		第 4 刀:0.2mm
		第 5 刀:0.05mm
用 G92 加工单线螺纹程序	程 序 说 明	
O2010;	程序号	
……	粗、精车外圆和切槽	

续表

用 G92 加工单线螺纹程序	程 序 说 明
N10 T0303 M8;	调用 03 号螺纹刀,打开冷却液
N20 G00 X31 Z4 M03 S500;	主轴正转,转速为 500r/min,快速接近工件
N30 G92 X29.1 Z−14 F2;	第 1 刀切削 0.9mm
N40 X28.5;	第 2 刀切削 0.6mm
N50 X27.9;	第 3 刀切削 0.6mm
N60 X27.5;	第 4 刀切削 0.4mm
N70 X27.4;	第 5 刀切削 0.1mm
N80 G00 X90 M05;	沿 X 轴退刀,停止主轴
N90 Z90 M09;	沿 Z 轴退刀,停止冷却液
N100 M30;	程序结束
%	程序结束符

编程实例图	刀具及切削用量表	
	刀具	T0303 60°外三角螺纹刀
	主轴转速 S	250r/min
	进给量 F	4mm/r
	背吃刀量 a_p	第 1 刀:0.45mm
		第 2 刀:0.3mm
		第 3 刀:0.3mm
		第 4 刀:0.2mm
		第 5 刀:0.05mm

用 G92 加工双线螺纹程序	程 序 说 明
O2011;	程序号
⋯	粗、精车外圆和切槽
N10 T0303 M8;	调用 03 号螺纹刀,打开冷却液
N20 G00 X31 Z4 M03 S250;	主轴正转,转速为 250r/min,快速接近工件
N30 G92 X29.1 Z−14 F4 L2;	第 1 刀切削 0.9mm
N40 X−28.5;	第 2 刀切削 0.6mm
N50 X−27.9;	第 3 刀切削 0.6mm
N60 X−27.5;	第 4 刀切削 0.4mm
N70 X−27.4;	第 5 刀切削 0.1mm
N80 G00 X90 M05;	沿 X 轴退刀,停止主轴
N90 Z90 M09;	沿 Z 轴退刀,停止冷却液
N100 M30;	程序结束
%	程序结束符

二、螺纹精度控制方法

1. 影响螺纹加工精度的因素

影响螺纹加工精度的因素见表 3-2-3。

表 3-2-3 影响螺纹加工精度的因素

影响精度的原因	采取措施
螺纹刀具牙型角不符合要求	刃磨符合要求的刀具角度
螺纹刀具刀尖圆弧偏大导致废品	刃磨适中的刀尖圆弧,并留有精加工余量
刀具安装角度偏差	使用万能角度尺或对刀样板安装刀具
不清楚余量,随便进刀车削	查出螺纹公差大小,在公差范围内进刀

2. 正确控制螺纹加工精度的方法

在加工螺纹时,要保证所使用的螺纹刀具角度正确,牙型角合格,刀尖圆弧半径适中,安装角度没有偏差。随后就是程序编制和自动加工,在此环节螺纹刀具 X 轴对刀一定要准确,并且对完刀具之后在刀补里留 0.1mm 的余量,避免刀具刀尖圆弧太大而产生废品,以下通过例子来说明保证螺纹加工精度和操作的几种方法。

例:加工三角形外螺纹 M30×2-6g,使用螺纹环规测量,有什么方法可以保证加工精度,详细的操作方法是什么?

解:

(1) 刀具牙型角、刀尖圆弧半径和各角度符合要求,并且安装无误。

(2) 查表得出 M30×2-6g 螺纹的中径公差上偏差为 -0.038mm,下偏差为 -0.208mm,以此作为精加工精度控制的依据,进刀切削量控制在公差之内。

(3) 编制程序如下:

```
O0001
…
T0303 M8;
G00 X31 Z4 M03 S500;
G92 X29.1 Z－14 F2;
X28.5;
X27.9;
X27.5;
X27.4;
G00 X90 M05;
Z90 M09;
M30;
 %
```

(4) 对刀,并在刀补上 X 轴留 0.1mm 的余量,第一次加工螺纹。

(5) 使用螺纹环规测量螺纹,此时一般螺纹旋不进去或者很紧。

(6) 以 0.1mm 切深(0.1mm 在中径公差是($^{-0.038}_{-0.208}$mm)的范围内),再次进刀车削,操作方法如下。

方法 1:修改程序法,如图 3-2-3 所示。

① 在 X27.4 后,加上 X27.3,增加了一刀,并且再次车削。这种方法再次车削时,程序前面有几刀是空走刀,常用作小批量生产,但首件试切,调试修改的时间较长,如图 3-2-3(b)所示。

② 直接修改终点 X 值,在程序 G92 X29.1 Z－14 F2;后面的 X28.5;直接改为 X27.3,

把前面几段的空走刀删除掉,此方法只能针对单件加工,如图 3-2-3(c)所示。

```
O0001;
…
T0303 M8;
G00 X31 Z4 M03 S500;
G92 X29.1 Z−14 F2;
X28.5;
X27.9;
X27.5;
X27.4;
G00 X90 M05;
Z90 M09;
M30;
%
```
(a)原螺纹程序

```
O0001;
…
T0303 M8;
G00 X31 Z4 M03 S500;
G92 X29.1 Z−14 F2;
X28.5;
X27.9;
X27.4;
X27.3;
G00 X90 M05;
Z90 M09;
M30;
%
```
(b)增加一刀

```
O0001;
…
T0303 M8;
G00 X31 Z4 M03 S500;
G92 X29.1 Z−14 F2;
X27.3;
G00 X90 M05;
Z90 M09;
M30;
%
```
(c)直接修改终点值

图 3-2-3　程序修改法

方法 2:修改刀补法。程序不改变,直接在刀补里进刀,适用于单件、小批量生产。

(7)再次检测螺纹是否合格,不合格则重复(6)的操作。

三、车削螺纹时出现的问题及其产生的原因和预防措施

车削螺纹时出现的其他问题及其产生的原因和预防措施见表 3-2-4。

表 3-2-4　车削螺纹时出现的问题及其产生的原因和预防措施

问 题 现 象	产生的原因	预 防 措 施
加工螺纹时出现碰撞外圆或前端面	1. G92 循环前的定位不对; 2. 使用刀补进刀时,定位点与公称直径的距离不够大; 3. 工件伸出长度不够或者刀具装夹不正确	1. 外螺纹定位点要比公称直径大,离开右端面; 2. 修改螺纹循环起点的定位点; 3. 伸长工件或者安装正确刀具
车削螺纹时撞后台阶	1. 编程 Z 轴坐标不正确; 2. 刀具太宽导致干涉; 3. 对刀不准确; 4. 装螺纹刀不合理或刃磨螺纹刀不对称(偏斜)	1. 修改程序至合理长度; 2. 刃磨螺纹车刀,确保刀尖中分线靠前; 3. 在工件螺纹的极限终点位置上对刀,以该点作螺纹终点坐标编程; 4. 装刀时要注意对称,刃磨螺纹车刀要注意对称性

一、任务准备

(1)零件图工艺分析,提出工艺措施。

（2）确定刀具,将选定的刀具参数填写表 3-2-5,以便于编程和任务实施。

表 3-2-5　螺纹台阶轴数控加工刀具卡

项目代号		零件名称			零件图号		
序号	刀具号	刀具规格名称	数量	加工表面	刀尖半径/mm	备　注	
编制:		审核:		批准:		共　页	

（3）确定工具,将加工螺纹台阶轴需要的工具填入表 3-2-6 中。

表 3-2-6　螺纹台阶轴加工工具清单

工具清单			图号		
序号	名　　称	规格	精度	单位	数量

（4）确定装夹方案和切削用量,根据被加工零件的技术要求、刀具材料、工件材料等,参考切削手册或有关参考书选取合适的切削速度、进给速度和背吃刀量,结合工艺措施,填写表 3-2-7。

表 3-2-7　螺纹台阶轴数控加工工序卡

单位名称		项目代号		零件名称		零件图号	
工序号	程序编号		夹具名称	使用设备		车　间	
工步号	工步内容	刀具号	刀具规格/mm	主轴转速/(r/min)	进给速度/(mm/min)	背吃刀量/mm	备　注
编制:		审核:		批准:		共　页	

（5）选择量具，检测螺纹台阶轴需要外径千分尺等量具，填入表3-2-8中。

表3-2-8　螺纹台阶轴加工量具清单

量具清单				图号	
序　号	名　　称	规格	精度	单位	数量

 情景链接，视频演示

（1）如果不会操作加工时，可以看一看视频，视频演示可作为操作的示范。

（2）如果不知道G32的走刀路线，可以看一看视频，视频演示可作为编程的参考。

（3）如果你不想看，那么，自己做完后，看一看视频演示中操作加工与你的操作加工有什么不同。

以上操作步骤视频，可以扫描二维码观看。

二、编写加工程序

根据前期的规划和图纸要求编写加工程序，填写表3-2-9。

表3-2-9　螺纹台阶轴数控加工程序表

编程零件图	走刀路线简图
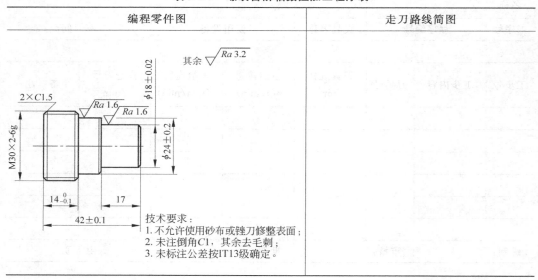	

续表

加 工 程 序	程 序 说 明

三、模拟加工

（1）开机，回参考点。

（2）编写并输入加工程序。

（3）启动模拟加工，检查程序。

在模拟加工时，检查加工程序是否正确，如有问题立即修改。

四、真实加工

（1）装夹工件和刀具。

（2）试切法对刀。

（3）单步加工无误后自动连续加工。

（4）测量，修改刀具磨损值，进行加工过程的质量控制。

（5）检测，合格后取下工件。

（6）数控车床的维护、保养及场地的清扫。

 任务评价

根据表3-2-10中各项指标，对螺纹台阶轴加工情况进行评价。

表 3-2-10　螺纹台阶轴加工评价表

项目	指　标		分值	评 价 方 式			备　注
				自测(评)	组测(评)	师测(评)	
零件检测	外圆	$\phi24\pm0.02$	10				
		$\phi18\pm0.02$	10				
	长度	42 ± 0.1	6				
		$14_{-0.1}^{0}$	6				
		17	4				
	螺纹	$\phi30$	3				
		$M30\times2$-6g	15				
		60°牙型角	2				
	倒角	$2\times C1.5$	2				
		$2\times C1$	2				
	表面粗糙度	$Ra1.6\mu m$(2处)	10				
		$Ra3.2\mu m$(2处)	5				
技能技巧	良好加工工艺		5				结合加工过程与加工结果，综合评价
	提前、准时、超时完成		5				

续表

项目	指　标	分值	评 价 方 式			备　注
			自测(评)	组测(评)	师测(评)	
职业素养	场地和车床保洁	5				对照7S管理要求规范进行评定
	工量具定置管理	5				
	安全文明生产	5				
合计		100				
综合评价						

注:

1. 评分标准

零件检测:尺寸超差0.01mm,扣5分,扣完本尺寸分值为止;表面粗糙度每降一级,扣3分,扣完为止。

技能技巧和职业素养,根据现场情况,由老师和同学协商执行。

2. 测评者说明

自测:由自己测量和评价,有数据的把数据填入表中,并根据评分标准评分。

组测:由自己所在组的组长测量和评价,组长间相互测量和评价,组长把数据填入表中并评分。

师测:由教师测量和评价,教师把数据填入表中给予评分。

评分说明:如果学生自测时,测出数据偏差较大,建议师傅(或教师)从总得分里酌情扣除一定的分数(由师生共同协商而定)。

任务总结

完成任务后,请同学们进行总结与反思,对本任务有何体会和感悟,填写表3-2-11。

表3-2-11 体会与感悟

最大的收获	
存在的问题	
改进的措施	

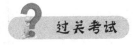

过关考试

一、选择题

1. 关于螺纹车刀描述错误的是(　　　)。

A. 角度合理 　　　　　　　　B. 牙型角准确

C. 刀尖圆弧半径大小适当 　　D. 安装高于主轴回转中心

2. 修改程序或者刀补再次精车螺纹时,切削量(　　)适宜。

　　A. 越大越好　　　　　　　　　　B. 越小越好

　　C. 控制在公差范围内　　　　　　D. 以上都不对

3. 以下不属于避免超程的措施是(　　)。

　　A. 刀具尽量往卡盘方向装夹　　　B. 把工件适当伸出

　　C. 调整行程开关　　　　　　　　D. 修改程序

4. 加工多线螺纹时,G92 X(U)__ Z(W)__ F __ L __;程序格式中,F 表示(　　)。

　　A. 螺距　　　　　B. 导程　　　　　C. 进给量　　　　D. 切削速度

5. 螺纹切削循环指令 G92 不能加工(　　)。

　　A. 圆柱螺纹　　　B. 圆锥螺纹　　　C. 英制螺纹　　　D. 多段连续螺纹

6. 加工多线螺纹时,G92 X(U)__ Z(W)__ F __ L __;程序格式中,L 表示(　　)。

　　A. 螺距　　　　　B. 导程　　　　　C. 线数　　　　　D. 旋转角度

7. 车削螺纹时牙型角不对,导致的原因是(　　)。

　　A. 正确对刀　　　B. 程序错误　　　C. 加冷却液　　　D. 刀具角度错误

二、填空题

对调头加工取总长的步骤进行排序为 _____。

① 测量工件实际总长　　　② 程序自动加工　　　③ 使用铜片装夹

④ 数学处理　　　　　　　⑤ 车平端面　　　　　⑥ 精度检查

⑦ 测量左端长度　　　　　⑧ 对刀

三、技能题

1. 加工螺纹轴

螺纹轴如图 3-2-4 所示。

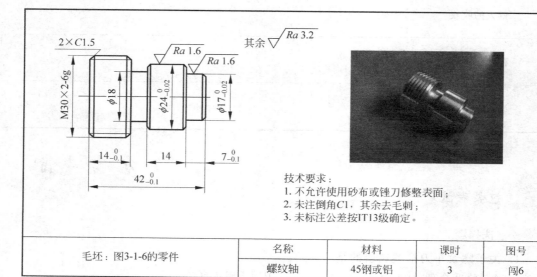

毛坯:图3-1-6的零件	名称	材料	课时	图号
	螺纹轴	45钢或铝	3	闯6

技术要求:
1. 不允许使用砂布或锉刀修整表面;
2. 未注倒角C1,其余去毛刺;
3. 未标注公差按IT13级确定。

图 3-2-4　螺纹轴

2. 加工评价

带螺纹的零件加工评价见表 3-2-12。

表 3-2-12　带螺纹的零件加工评价表

项目	指 标		分值	评 价 方 式			备 注
				自测(评)	组测(评)	师测(评)	
零件检测	外圆	$\phi 24_{-0.02}^{0}$	8				
		$\phi 17_{-0.02}^{0}$	8				
	沟槽	$\phi 18$	4				
	长度	$42_{-0.1}^{0}$	5				
		$14_{-0.1}^{0}$	4				
		14	2				
		$7_{-0.1}^{0}$	4				
	螺纹	$\phi 30$	2				
		M30×2-6g	15				
		60°牙型角	3				
	倒角	2×C1.5	2				
		3×C1	3				
	表面粗糙度	$Ra1.6\mu m$(2 处)	9				
		$Ra3.2\mu m$(3 处)	6				
技能技巧	加工工艺		5				结合加工过程与加工结果,综合评价
	提前、准时、超时完成		5				
职业素养	场地和车床保洁		5				对照 7S 管理要求规范进行评定
	工量具定置管理		5				
	安全文明生产		5				
合计			100				
综合评价							

☺ 你完成、通过了两个任务,并获得了 100 个积分,恭喜你闯过初级员工关,你现在是粉领员工,你可以进入粉领员工关的学习了。

项目 4

孔类零件的加工（粉领员工关）

本关主要学习内容：了解内孔的加工方法和加工特点；了解内孔车刀的几何角度和切削特性；了解内螺纹车刀的几何角度；掌握内孔车刀和内螺纹车刀的安装；掌握内孔车刀工件坐标系的建立方法；掌握内孔和内螺纹加工程序的编制；掌握内孔和内螺纹车削精度的控制和检测。本关有两个学习任务，一个任务是台阶孔零件加工；另一个任务是内螺纹零件加工。

任务 1　台阶孔零件加工

任务描述

本任务是加工由 1 段外圆柱面、3 段内圆柱面、2 个端面等组成的台阶孔零件，如图 4-1-1 所示，按图所标注的尺寸和技术要求完成零件的车削，采用 $\phi50 \times 50$mm 的圆棒料为毛坯。

任务目标

（1）掌握 G01、G71 指令加工内台阶孔。

（2）合理选择并安装车削台阶孔的车刀。

（3）熟记 G71 指令的编程格式及参数含义，理解该指令的含义及用法。

（4）能根据图纸正确制订加工工艺，并进行程序编制与加工。

（5）掌握内台阶孔的检测，在加工过程中会控制内孔尺寸精度。

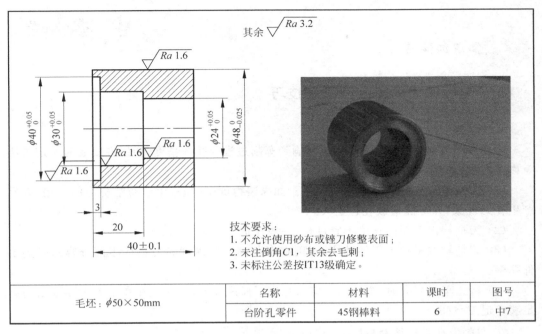

技术要求：
1. 不允许使用砂布或锉刀修整表面；
2. 未注倒角C1，其余去毛刺；
3. 未标注公差按IT13级确定。

毛坯：φ50×50mm

名称	材料	课时	图号
台阶孔零件	45钢棒料	6	中7

图 4-1-1　台阶孔零件

对加工零件图 4-1-1 进行任务分析，填写表 4-1-1。

表 4-1-1　台阶孔零件加工任务分析表

分析项目		分析结果
做什么	1. 结构主要特点	
	2. 尺寸精度要求	
	3. 毛坯特点	
	4. 其他技术要求	
怎么做	1. 需要什么量具	
	2. 需要什么夹具	
	3. 需要什么刀具	
	4. 需要什么编程知识	
	5. 需要什么工艺知识	
	6. 其他方面(注意事项)	
要完成这个任务	1. 最需要解决的问题是什么	
	2. 最难解决的问题是什么	

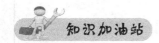

一、内孔车刀的安装及车削技巧

1. 内孔车刀的安装

内孔车刀安装的正确与否,直接影响到车削过程及孔的精度,所以在安装时一定要注意以下几点:

(1) 刀尖应与工件中心等高或稍高。如果装得低于中心,由于切削抗力的作用,容易产生扎刀现象,并可能造成孔径扩大。

(2) 刀柄伸出刀架的长度不宜过长,一般比加工孔深 3~5mm。

(3) 刀柄轴线平行于工件轴线,否则在车削到一定深度时刀柄后半部分容易碰到工件孔壁。

(4) 盲孔车刀装夹时,主切削刃应与孔底平面成 3°~5°,并且在车平面时要求横向有足够的退刀空间。

2. 车削内孔关键技术与技巧

车内孔的关键技术是解决内孔车刀的刚性和排屑问题。

(1) 提高内孔车刀刚性的措施

① 尽量增加刀柄的截面积。

② 尽可能缩短刀柄的伸出长度。

(2) 排屑问题

控制切屑流出方向。精加工通孔时要求切屑流向待加工表面(向前排屑),让铁屑由尾部排出,可采用正刃倾角的内孔车刀;加工盲孔时,应采用负刃倾角的内孔车刀,使切屑从孔口排出。

二、内孔车刀工件坐标系的建立

内孔车刀的对刀方法和外圆车刀相似,但操作上要注意进刀和退刀的方向是相反的,对刀的基本步骤如下:

(1) 选择内孔车刀,使刀具沿材料右端表面切削。

(2) 在 Z 轴不动的情况下沿 X 轴退出刀具,并且停止主轴旋转。

(3) 按 刀补OFT 键进入偏置界面,选择刀具偏置页面,按 ↑ 键、↓ 键移动光标选择该刀具对应的偏置号。

(4) 依次输入地址 Z 键、数字 0 键及 输入IN 键。

(5) 刀具沿孔壁表面切削。

(6) 在 X 轴不动的情况下,沿 Z 轴退出刀具,并且停止主轴旋转。

(7) 测量直径(假设直径为 15mm)。

（8）按 [刀补/OFT] 键进入偏置界面,选择刀具偏置页面,按 [↑] 键、[↓] 键移动光标选择该刀具对应的偏置号。

（9）依次输入地址 [X] 键、数字 [1] 键、[5] 键及 [输入/IN] 键。

（10）移动刀具至安全换刀位置,对刀完成。

三、使用 G71 编程加工内孔

有一孔类零件见表 4-1-2 中图(a)所示。使用 G71 指令编制加工程序,画出 G71 加工内孔的走刀路线,并对程序段加以说明。

表 4-1-2 G71 加工内孔走刀路线图和程序

编程零件图	走刀路线简图
(a)	(b)

G71 加工内孔的程序	程 序 说 明	备注
O2012;	程序号	
...	车削端面,并利用尾座完成 $\phi30$ 内孔的钻削加工	
N10 T0303 M8;	选用 03 号刀具,打开冷却液	
N20 G00 G99 X90 Z90 M3 S400;	使用每转进给,回换刀点,主轴正转,400r/min	
N30 X30 Z2;	快速定位,接近工件	①
N40 G71 U1.2 R0.1 F0.12;	G71 粗车循环,切深 1.2mm,退刀 0.1mm,进给速度为 0.12mm/r	②
N50 G71 P60 Q100 U-0.2 W0.03;	G71 粗车循环,留余量 X 轴 0.2mm,Z 轴 0.03mm	③
N60 G00 X36;	快速进刀	
N70 G01 Z0 F0.1;	接触工件端面	
N80 X34 Z-1;	倒角 C1	
N90 Z-56;		
N100 X30;	车削端面	
N110 T0303 M3 S1200;	选用 03 号刀具,主轴正转,1200r/min	
N120 G99 G00 X30 Z2;	快速定位接近工件	
N130 G70 P60 Q100;	精车内孔	
N140 G00 Z90 M05;	退刀 Z 轴	④

续表

G71 加工内孔的程序	程 序 说 明	备注
N150 X90；	退刀 X 轴	
N160 M30；	程序结束	
%	程序结束符	

程序关键说明：

① 车内孔时，X 轴的定位必须小于或等于钻孔直径。

② 退刀量最好为 0.1mm，可以避免车小孔退刀时撞刀。

③ 内孔留余量是往坐标系的负方向，所以 U 值为负。

④ 内孔退刀时一般先退 Z 轴，再退 X 轴，避免发生撞刀。

四、内孔的测量方法

内孔的测量方法有很多种，一般较为常见的是使用塞规、内测千分尺和内径百分表测量。本任务中，由于一次加工三个孔，深度不深的孔可用内测千分尺测量，深度较深的用塞规或者内径百分表测量。

1. 用塞规测量

塞规由通端 1、止端 2 和柄 3 组成，如图 4-1-2 所示，通端按孔的最小极限尺寸制成，测量时应塞入孔内。止端按孔的最大极限尺寸制成，测量时不允许塞进孔内。当通端塞入孔内，而止端塞不进去时，就说明此孔尺寸是在最小极限尺寸与最大极限尺寸之间，是合格的。

图 4-1-2　塞规

2. 用内测千分尺测量

图 4-1-3 所示的是规格 5～30mm 内测千分尺，使用方法与外径千分尺相同，只是测量旋向相反。

（1）使用方法

① 测量前应先清洁测量面，并校准零位，如图 4-1-4 所示。

图 4-1-3　内测千分尺

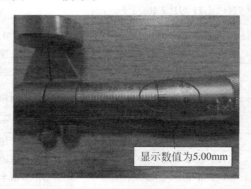

显示数值为5.00mm

图 4-1-4　内测千分尺校准零位

②将测量触头测量面支撑在被测表面上,调整微分筒,使微分筒一侧的测量面在孔的径向截面内摆动,找出最大尺寸,然后拧紧固定螺钉取出并读数,读数方法与外径千分尺相似。

(2)注意事项

①千分尺是精密量具,使用时要轻拿轻放,用完之后在裸露部位涂上防锈油,并放进盒内,置于干燥通风处。

②测量时不能用力转动微分筒,以免破坏精度。

③微分筒不要向右移动超过30.5mm,以免损坏千分尺和其精度。

④两测量面上有硬质合金,测量时不能过分地调整千分尺的位置,这样容易损坏测量面和引起测量不正确。

五、车削内孔时产生废品的原因及预防措施

车削内孔时产生废品的原因及预防措施见表4-1-3。

表 4-1-3　车削内孔时产生废品的原因及预防措施

问 题 现 象	产 生 的 原 因	预 防 措 施
尺寸不正确	1. 测量不正确。 2. 车刀安装不正确,刀柄与孔壁相碰。 3. 产生积屑瘤,增加刀尖长度,使孔径变大。 4. 工件热胀冷缩	1. 要仔细测量。用游标卡尺测量时,要调整好卡尺松紧,控制好摆动位置。 2. 选择合理的刀柄直径,最好在自动加工前,先把车刀在孔内走一遍,检查是否会相碰。 3. 研磨前刀面,使用切削液,增大前角,选择合理的切削速度。 4. 最好使工件冷却后再精车,加切削液
内孔有锥度	1. 刀具磨损。 2. 刀柄刚性差,产生"让刀"现象。 3. 刀柄与孔壁相碰。 4. 车床主轴轴线歪斜。 5. 床身不水平,床身导轨与主轴轴线不平行。 6. 由于床身导轨磨损不均匀,使走刀轨迹与工件轴线不平行	1. 采用耐磨的硬质合金刀具。 2. 尽量采用大尺寸的刀柄,提高刀杆刚性或减小切削用量。 3. 正确安装车刀。 4. 检查机床精度,校正主轴轴线和床身导轨的平行度。 5. 校正机床水平。 6. 大修车床
内孔不圆	1. 壁薄零件装夹时产生变形。 2. 轴承间隙太大,主轴颈磨损。 3. 工件加工余量和材料组织不均匀	1. 选择合理的装夹方法。 2. 大修机床,并检查主轴的圆柱度。 3. 增加半精镗,把不均匀的余量车去,使精车余量尽量减小和均匀,对工件毛坯进行回火处理

续表

问 题 现 象	产 生 的 原 因	预 防 措 施
内孔表面粗糙度偏大（不光滑）	1. 车刀磨损。 2. 车刀刃磨不好，表面粗糙度值大。 3. 车刀几何角度不合理，装刀低于中心。 4. 切削用量选择不当。 5. 刀柄细长，产生振动	1. 重新刃磨车刀。 2. 保证刀刃锋利，研磨车刀前刀面。 3. 合理选择刀具角度，精车装刀时可略高于工件中心。 4. 适当降低切削速度，减小进给量。 5. 加粗刀柄和降低切削速度

 **任务实施**

一、任务准备

（1）零件图工艺分析，提出工艺措施。

（2）确定刀具，将选定的刀具参数填入表 4-1-4 中，以便于编程和任务实施。

表 4-1-4　台阶孔零件数控加工刀具卡

项目代号			零件名称		零件图号	
序号	刀具号	刀具规格名称	数量	加工表面	刀尖半径/mm	备　注
编制：	审核：	批准：				共　页

（3）确定工具，将加工台阶孔零件需要的工具填入表 4-1-5 中。

表 4-1-5　台阶孔零件数控加工工具清单

工具清单			图号		
序号	名　　称	规格	精度	单位	数量

（4）确定装夹方案和切削用量，根据被加工零件的技术要求、刀具材料、工件材料等，参考切削手册或有关参考书选取合适的切削速度、进给速度和背吃刀量，结合工艺措施，填写表 4-1-6。

表 4-1-6　台阶孔零件数控加工工序卡

单位名称		项目代号		零件名称		零件图号	
工序号	程序编号	夹具名称		使用设备		车　间	
工步号	工步内容	刀具号	刀具规格/mm	主轴转速/(r/min)	进给速度/(mm/min)	背吃刀量/mm	备　注
编制:		审核:		批准:		共　页	

（5）选择量具，检测台阶孔零件所需要的量具，填写表 4-1-7。

表 4-1-7　台阶孔零件数控加工量具清单

量具清单				图号	
序号	名　　称	规格	精度	单位	数量

情景链接，视频演示

（1）如果不会操作加工时，可以看一看视频，视频演示可作为操作的示范。

（2）如果不知道 G71 车削内孔的走刀路线，可以看一看视频，视频演示可作为编程的参考。

（3）如果你不想看，那么，自己做完后，看一看视频演示中操作加工与你的操作加工有什么不同。

以上操作步骤视频，可以扫描二维码观看。

二、编写加工程序

根据前期的规划和图纸要求编写加工程序，填写表 4-1-8。

表 4-1-8 台阶孔零件数控加工程序表

编程零件图	走刀路线简图
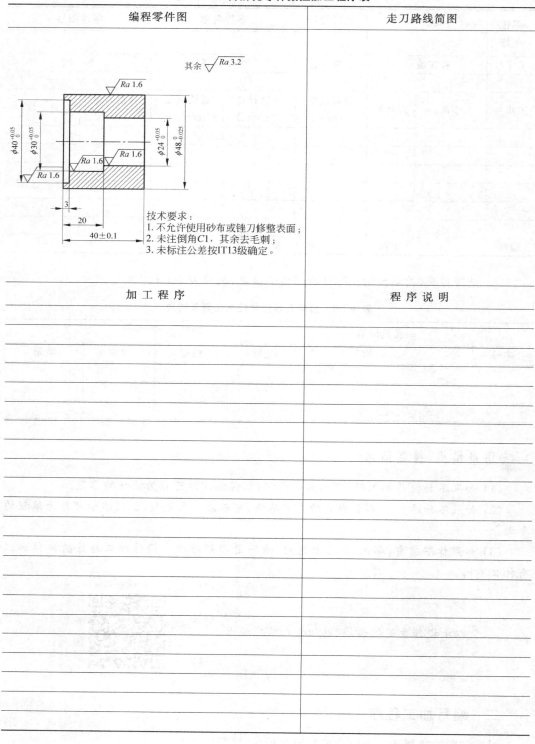	

其余 $\sqrt{Ra\ 3.2}$

技术要求:
1. 不允许使用砂布或锉刀修整表面;
2. 未注倒角C1, 其余去毛刺;
3. 未标注公差按IT13级确定。

加 工 程 序	程 序 说 明

三、模拟加工

（1）开机,回参考点。

（2）编写并输入加工程序。

（3）启动模拟加工,检查程序。

（4）在模拟加工时,检查加工程序是否正确,如有问题立即修改。

四、真实加工

（1）装夹工件和刀具。

（2）试切法对刀。

（3）单步加工无误后自动连续加工。

（4）测量,修改刀具磨损值,进行加工过程的质量控制。

（5）检测,合格后取下工件。

（6）数控车床的维护、保养及场地的清扫。

任务评价

根据表 4-1-9 中各项指标,对台阶孔零件加工情况进行评价。

表 4-1-9 台阶孔零件加工评价表

项目	指 标		分值	评 价 方 式			备 注
				自测(评)	组测(评)	师测(评)	
零件检测	外圆	$\phi48_{-0.025}^{0}$	10				
	内孔	$\phi40_{0}^{+0.05}$	10				
		$\phi30_{0}^{+0.05}$	10				
		$\phi24_{0}^{+0.05}$	10				
	长度	40 ± 0.1	6				
		3、20	8				
	倒角	$6\times C1$	6				
	表面粗糙度	$Ra1.6\mu m$(4处)	15				
技能技巧	加工工艺		5				结合加工过程与加工结果,综合评价
	提前、准时、超时完成		5				
职业素养	场地和车床保洁		5				对照7S管理要求规范进行评定
	工量具定置管理		5				
	安全文明生产		5				

续表

项目	指　标	分值	评　价　方　式			备　注
			自测(评)	组测(评)	师测(评)	
	合计	100				
	综合评价					

注:

1. 评分标准

零件检测:尺寸超差 0.01mm,扣 5 分,扣完本尺寸分值为止;表面粗糙度每降一级,扣 3 分,扣完为止。

技能技巧和职业素养,根据现场情况,由老师和同学协商执行。

2. 测评者说明

自测:由自己测量和评价,有数据的把数据填入表中,并根据评分标准评分。

组测:由自己所在组的组长测量和评价,组长间相互测量和评价,组长把数据填入表中并评分。

师测:由教师测量和评价,教师把数据填入表中给予评分。

评分说明:如果学生自测时,测出数据偏差较大,建议师傅(或教师)从总得分里酌情扣除一定的分数(由师生共同协商而定)。

 **任务总结**

完成任务后,请同学们进行总结与反思,对本任务有何体会和感悟,填写表 4-1-10。

表 4-1-10　体会与感悟

最大的收获	
存在的问题	
改进的措施	

闯一闯

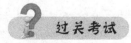 **过关考试**

一、选择题

1. 图纸上有一内孔,标注是 $\phi20$,要经过数控车加工得到,请问钻孔直径是(　　　)mm。

　　A. 20　　　　　　　　B. 22　　　　　　　　C. 18　　　　　　　　D. 21

2. 使用 G71 车削内孔,不属于注意事项的是(　　　)。

　　A. 退刀 0.1,避免碰刀

B. G71 的前定位 X 轴小于或等于钻孔直径

C. 留余量应该是负值

D. 端面不能留余量

3. 对于深孔零件的尺寸精度,可以用(　　)进行检验。

 A. 内测千分尺或内径百分表　　　　B. 塞规或内测千分尺

 C. 塞规或内径百分表　　　　　　　D. 以上均可

4. 车孔时,如果车孔刀逐渐磨损,车出的孔(　　)。

 A. 表面粗糙度大　　　　　　　　　B. 圆柱度超差

 C. 圆度超差　　　　　　　　　　　D. 同轴度超差

5. 在广州数控系统中,车内孔时 G71 第二行中的 U 为(　　)值。

 A. 正　　　　　　　　　　　　　　B. 负

 C. 无正负　　　　　　　　　　　　D. 正、负、无正负均不对

6. 批量加工的内孔,尺寸检验时优先选用的量具是(　　)。

 A. 内径千分尺　　　　　　　　　　B. 内径量表

 C. 游标卡尺　　　　　　　　　　　D. 塞规

7. 以内孔为基准的套类零件,可采用(　　)装夹,保证位置精度。

 A. 心轴　　　　　　　　　　　　　B. 三爪自定心卡盘

 C. 四爪自定心卡盘　　　　　　　　D. 一夹一顶

8. 钻工件内孔表面能达到的 IT 值为(　　)。

 A. 1～4　　　　　B. 6　　　　　　C. 11～13　　　　　D. 5

9. 提高加工内孔刚性,错误的做法是(　　)。

 A. 提高转速　　　　　　　　　　　B. 缩短伸出长度

 C. 缩短刀具长度　　　　　　　　　D. 校正夹紧工件

10. 当加工内孔直径 ϕ38.5mm,实测为 ϕ38.60mm,则在该刀具磨耗补偿对应位置输入(　　)mm 进行修调至尺寸要求。

 A. -0.2　　　　　　　　　　　　B. 0.2

 C. -0.3　　　　　　　　　　　　D. -0.1

二、填空题

请按顺序确定内孔加工工艺步骤为 ＿＿＿＿＿＿＿＿＿＿＿＿＿＿＿＿＿＿＿＿＿＿。

① 安装工件和刀具　　　② 零件加工工艺分析　　　③ 对刀及验刀

④ 测量内孔　　　　　　⑤ 去毛刺及检验工件　　　⑥ 钻孔

⑦ 数学处理　　　　　　⑧ 加工内孔　　　　　　　⑨ 编程并模拟

三、技能题

1. 加工台阶孔零件

台阶孔零件如图 4-1-5 所示。

2. 加工评价

台阶孔零件的加工评价见表 4-1-11。

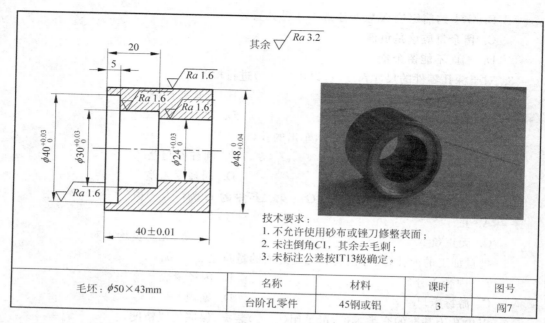

技术要求：
1. 不允许使用砂布或锉刀修整表面；
2. 未注倒角C1，其余去毛刺；
3. 未标注公差按IT13级确定。

毛坯：$\phi50\times43$mm

名称	材料	课时	图号
台阶孔零件	45钢或铝	3	闯7

图 4-1-5　台阶孔零件

表 4-1-11　台阶孔零件加工评价表

项目	指　标		分值	评价方式			备　注
				自测(评)	组测(评)	师测(评)	
零件检测	外圆	$\phi48_{-0.04}^{0}$	10				
	内孔	$\phi40_{0}^{+0.03}$	10				
		$\phi30_{0}^{+0.03}$	10				
		$\phi24_{0}^{+0.03}$	10				
	长度	40 ± 0.1	6				
		5、20	8				
	倒角	$6\times C1$	6				
	表面粗糙度	$Ra1.6\mu m$(4 处)	15				
技能技巧	加工工艺		5				结合加工过程与加工结果，综合评价
	提前、准时、超时完成		5				
职业素养	场地和车床保洁		5				对照 7S 管理要求规范进行评定
	工量具定置管理		5				
	安全文明生产		5				
	合　计		100				
	综合评价						

☆ 恭喜你完成、通过了第 1 个任务，并获得 50 个积分，继续加油，期待你闯过灰领员工关第 2 个任务。

任务2 内螺纹零件加工

任务描述

　　本任务是加工由1段外圆柱面、2段内圆柱面、1段内三角螺纹面、2个端面等组成的内螺纹零件,如图4-2-1所示,按图所标注的尺寸和技术要求完成零件的车削,采用图4-1-1所示的零件为毛坯。

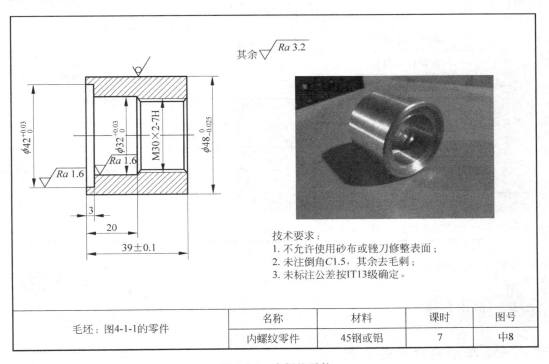

技术要求:
1. 不允许使用砂布或锉刀修整表面;
2. 未注倒角C1.5,其余去毛刺;
3. 未标注公差按IT13级确定。

毛坯:图4-1-1的零件	名称	材料	课时	图号
	内螺纹零件	45钢或铝	7	中8

图4-2-1 内螺纹零件

任务目标

　　(1)掌握G32、G92指令加工内螺纹。

　　(2)合理选择并安装车削内螺纹的车刀。

　　(3)掌握内螺纹底孔的直径计算,掌握内螺纹的检测。

　　(4)能根据图纸正确制订加工工艺,并进行程序编制与加工。

　　(5)能对内螺纹进行质量分析及精度控制。

任务分析

对加工零件图 4-2-1 进行任务分析，填写表 4-2-1。

表 4-2-1　内螺纹零件加工任务分析表

分析项目		分析结果
做什么	1. 结构主要特点	
	2. 尺寸精度要求	
	3. 毛坯特点	
	4. 其他技术要求	
怎么做	1. 需要什么量具	
	2. 需要什么夹具	
	3. 需要什么刀具	
	4. 需要什么编程知识	
	5. 需要什么工艺知识	
	6. 其他方面(注意事项)	
要完成这个任务	1. 最需要解决的问题是什么	
	2. 最难解决的问题是什么	

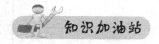知识加油站

一、车削内螺纹的特点

（1）比加工外螺纹难，不易于观察。

（2）排屑与冷却的条件差。

（3）受内孔和刀杆的直径限制。

（4）容易产生让刀、扎刀和断刀，加工刚性差。

（5）表面粗糙度和精度不好控制，受车床刚性影响较大。

二、内螺纹车刀的安装

（1）调整垫刀片，保证螺纹刀具与主轴轴线中心高相等。

（2）刀具伸出长度比车削长度长 5～8mm，要以刀尖为计算参照。

（3）安装刀具时应使用对刀样板调整刀具安装的角度，如图 4-2-2 所示。

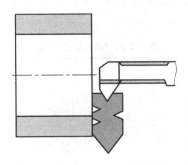

图 4-2-2　对刀样板装螺纹刀

（4）安装完成后不起动主轴,空走刀进内孔,观察是否有碰刀或刀具伸出长度不够的情况,如图 4-2-3 所示。

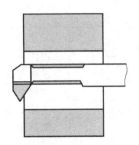

图 4-2-3　检验刀柄是否与底孔相碰

三、内三角螺纹的底孔确定

车普通三角形内螺纹时,内螺纹底孔孔径的大小与工件材料性质、螺距大小有关。通常可按以下公式计算孔径 $D_孔$。

车削塑性金属时,有:

$$D_孔 = D - P \tag{4-2-1}$$

车削脆性金属时,有:

$$D_孔 \approx D - 1.05P \tag{4-2-2}$$

例:用铸铁材料加工内螺纹 M20×1.5,求车削螺纹前的底孔直径是多少?

解:由于铸铁材料属于脆性材料,根据式(4-2-2)得:

$$D_孔 \approx 20 - 1.05 \times 1.5$$
$$\approx 18.425(mm)$$

所以,底孔直径应车削至 18.425mm。

四、使用 G32、G92 编程加工内螺纹

1. G32、G92 加工内螺纹 M28×1.5

G32 和 G92 都适用于加工内螺纹,由于 G92 编程量小、效率高,所以一般采用 G92

进行编程加工。下面将 G32、G92 进行对比,见表 4-2-2。内螺纹零件加工的材料是 45 钢或铝,其加工程序如下。

表 4-2-2　G92 加工内螺纹

编程实例图		刀具及切削用量表	
		刀具	T0303 60°内螺纹刀
		主轴转速 S	300r/min
		进给量 F	1.5mm/r
		背吃刀量 a_p	0.1～0.5mm
用 G32 加工内螺纹的程序		程 序 说 明	
O2013;		程序号	
…		车削外圆及内孔程序	
N10 T0303 M8;		调用 03 号外圆刀,打开冷却液	
N20 G00 X90 Z90 M03 S300;		主轴正转,转速为 300r/min,回程序起点	
N30 X27 Z3;		快速接近工件	
N40 G32 Z-31 F1.5;		使用 G32 加工内螺纹,切深 0.5mm	
N50 G00 X26;		退刀	
N60 Z3;			
N70 X27.4;		第 2 刀切深 0.4mm	
N80 G32 Z-31 F1.5;			
N90 G00 X26;		退刀	
N100 Z3;			
N110 X27.7;		第 3 刀切深 0.3mm	
N115 G32 Z-31 F1.5;			
N120 G00 X26;		退刀	
N130 Z3;			
N140 X27.9;		第 4 刀切深 0.2mm	
N150 G32 Z-31 F1.5;			
N160 G00 X26;		退刀	
N170 Z3;			
N180 X28;		第 5 刀切深 0.1mm	
N190 G32 Z-31 F1.5;			
N200 G00 X26;		沿 X 轴退刀	
N210 G00 Z90 M05;		沿 Z 轴退刀,停止主轴	
N220 X90 M09;		沿 X 轴退刀,停止冷却液	
N230 M30;		程序结束	
%		程序结束符	

续表

用 G92 加工内螺纹的程序	程 序 说 明
O0001;	程序号
…	车削外圆及内孔程序
N10 T0303 M8;	调用 03 号外圆刀,打开冷却液
N20 G00 X90 Z90 M03 S300;	主轴正转,转速为 300r/min,回程序起点
N30 X26 Z3;	快速接近工件
N40 G92 X27 Z－31 F1.5;	使用 G92 加工内螺纹,切深 0.5mm
N50 X27.4;	第 2 刀切深 0.4mm
N60 X27.7;	第 3 刀切深 0.3mm
N70 X27.9;	第 4 刀切深 0.2mm
N80 X28;	第 5 刀切深 0.1mm
N90 G00 Z90 M05;	沿 Z 轴退刀,停止主轴
N100 X90 M09;	沿 X 轴退刀,停止冷却液
N110 M30;	程序结束
%	程序结束符

2. 内螺纹编程注意事项

(1) 使用 G92 前的螺纹定位要比内螺纹底孔直径小 0.5～1mm。

(2) 内螺纹对刀时以内螺纹的刀尖为对刀点,退刀时应先退 Z 轴再退 X 轴。

五、内螺纹的检测方法

内螺纹的检测一般使用螺纹塞规,螺纹塞规也分通端和止端,如图 4-2-4 所示。测量时,保证通端能全部旋进,而止端不能旋进,这样就符合螺纹的精度要求。

图 4-2-4 螺纹塞规

六、车削内螺纹时产生废品的原因及预防措施

车削内螺纹时产生废品的原因及预防措施见表 4-2-3。

表 4-2-3 车削内螺纹时产生废品的原因及预防措施

问 题 现 象	产 生 的 原 因	预 防 措 施
螺纹螺距不正确	1. 程序错误; 2. 主轴转速改变; 3. 螺纹起点 Z 轴坐标改变; 4. 机床故障	1. 检查修改程序; 2. 粗、精加工转速一致; 3. 不能改变螺纹起点 Z 轴坐标; 4. 检修机床

续表

问 题 现 象	产 生 的 原 因	预 防 措 施
螺纹牙型角不正确	1. 螺纹刀角度不对； 2. 刀具安装不正确	1. 使用万能角度尺正确刃磨刀具； 2. 使用万能角度尺安装刀具
螺纹大径变大	1. 刀具螺旋角太小或刀具不锋利； 2. 实际螺纹外圆没有减小 0.1P； 3. 程序错误； 4. 测量错误	1. 修磨合格的螺纹刀； 2. 公称直径车小 0.1P； 3. 检查程序； 4. 仔细测量
螺纹表面粗糙度偏大	1. 螺纹刀具刃磨粗糙； 2. 主轴转速太高引起振动； 3. 切削深度选择不当； 4. 工件、刀具刚性差	1. 正确刃磨刀具； 2. 选择合适的转速； 3. 选择合适的切深； 4. 尽量缩短工件或加后顶尖加工
螺纹表面有振纹	1. 转速过高； 2. 刀具刀杆太小； 3. 刀具伸出太长； 4. 工件装夹刚性不够； 5. 切深太深引起振动； 6. 机床故障	1. 降低转速； 2. 尽量增大刀杆直径； 3. 尽量缩短刀具伸出长度； 4. 工件安装合理、牢固； 5. 选择合适的切深； 6. 检修机床间隙
牙顶很平(牙深度太浅)	1. 计算螺纹小径错误； 2. 螺纹小径车过了； 3. 程序错误	1. 仔细计算好螺纹小径； 2. 注意刀补和检查程序； 3. 检查程序
塞规检测内螺纹时前松后紧，内螺纹尾端偏紧	1. 内螺纹刀刚性不足，让刀； 2. 螺纹减速退刀段长度不够长； 3. 程序错误	1. 避免借刀加工，增强内工件和刀具的刚性； 2. 适当增长减速退刀段长度； 3. 检查修改程序

一、任务准备

（1）零件图工艺分析，提出工艺措施。

（2）确定刀具，将选定的刀具参数填入表 4-2-4 中，以便于编程和任务实施。

表 4-2-4　内螺纹零件数控加工刀具卡

项目代号			零件名称			零件图号	
序号	刀具号	刀具规格名称	数量	加工表面		刀尖半径/mm	备 注
编制：		审核：		批准：			共　页

（3）确定工具,将加工内螺纹零件需要的工具填入表 4-2-5。

表 4-2-5　内螺纹零件数控加工工具清单

工具清单			图号		
序号	名　称	规格	精度	单位	数量

（4）确定装夹方案和切削用量,根据被加工零件的技术要求、刀具材料、工件材料等,参考切削手册或有关参考书选取合适的切削速度、进给速度和背吃刀量,结合工艺措施,填写表 4-2-6。

表 4-2-6　内螺纹零件数控加工工序卡

单位名称			项目代号	零件名称		零件图号	
工序号	程序编号		夹具名称	使用设备		车　间	
工步号	工步内容	刀具号	刀具规格/mm	主轴转速/(r/min)	进给速度/(mm/min)	背吃刀量/mm	备　注
编制:		审核:		批准:		共　页	

（5）选择量具,检测内螺纹零件所需要的量具填入表 4-2-7。

表 4-2-7　内螺纹零件数控加工量具清单

量具清单			图号		
序号	名　称	规格	精度	单位	数量

情景链接,视频演示

（1）如果不会操作加工时,可以看一看视频,视频演示可作为操作的示范。

（2）如果不知道 G92 车削内螺纹的走刀路线,可以看一看视频,视频演示可作为编程的参考。

（3）如果你不想看，那么，自己做完后，看一看视频演示中操作加工与你的操作加工有什么不同。

以上操作步骤视频，可以扫描二维码观看。

二、编写加工程序

根据前期的规划和图纸要求编写加工程序，填写表 4-2-8。

表 4-2-8　内螺纹零件数控加工程序表

编程零件图	走刀路线简图

其余 $\sqrt{Ra\,3.2}$

$\phi42^{+0.03}_{\ 0}$　$\phi32^{+0.03}_{\ 0}$　$Ra\,1.6$　M30×2-7H　$\phi48^{\ 0}_{-0.025}$

$\sqrt{Ra\,1.6}$

3　20　39±0.1

技术要求：
1. 不允许使用砂布或锉刀修整表面；
2. 未注倒角C1.5，其余去毛刺；
3. 未标注公差按IT13级确定。

加 工 程 序	程 序 说 明

续表

加 工 程 序	程 序 说 明

三、模拟加工

(1) 开机,回参考点。

(2) 编写并输入加工程序。

(3) 启动模拟加工,检查程序。

在模拟加工时,检查加工程序是否正确,如有问题立即修改。

四、真实加工

(1) 装夹工件和刀具。

(2) 试切法对刀。

(3) 单步加工无误后自动连续加工。

(4) 测量,修改刀具磨损值,进行加工过程的质量控制。

(5) 检测,合格后取下工件。

(6) 数控车床的维护、保养及场地的清扫。

评一评

任务评价

根据表 4-2-9 中各项指标,对内螺纹零件加工情况进行评价。

表 4-2-9   内螺纹零件加工评价表

项目	指标		分值	评价方式			备 注
				自测(评)	组测(评)	师测(评)	
零件检测	内孔	$\phi 42^{+0.03}_{0}$	10				
		$\phi 32^{+0.03}_{0}$	10				
	长度	39 ± 0.1	10				
		3、20	8				
	螺纹	$\phi 28$	3				
		M30×2-7H	15				
		60°	2				
	倒角	2×C1.5	2				
	表面粗糙度	$Ra3.2\mu m$(2处)	6				
		$Ra1.6\mu m$(2处)	9				
技能技巧	加工工艺		5				结合加工过程与加工结果,综合评价
	提前、准时、超时完成		5				
职业素养	场地和车床保洁		5				对照 7S 管理要求规范进行评定
	工量具定置管理		5				
	安全文明生产		5				
合计			100				
综合评价							

注:

1. 评分标准

零件检测:尺寸超差 0.01mm,扣 5 分,扣完本尺寸分值为止;表面粗糙度每降一级,扣 3 分,扣完为止。

技能技巧和职业素养,根据现场情况,由老师和同学协商执行。

2. 测评者说明

自测:由自己测量和评价,有数据的把数据填入表中,并根据评分标准评分。

组测:由自己所在组的组长测量和评价,组长间相互测量和评价,组长把数据填入表中并评分。

师测:由教师测量和评价,教师把数据填入表中给予评分。

评分说明:如果学生自测时,测出数据偏差较大,建议师傅(或教师)从总得分里酌情扣除一定的分数(由师生共同协商而定)。

任务总结

完成任务后,请同学们进行总结与反思,对本任务有何体会和感悟,填写表 4-2-10。

表 4-2-10   体会与感悟

最大的收获	
存在的问题	
改进的措施	

?　过关考试

一、选择题

1. 普通螺纹偏差标准中规定内螺纹的偏差在(　　　)。
   A. 小径　　　　　　　B. 中径　　　　　　　C. 螺距　　　　　　　D. 牙型角

2. 在 M20-6H/6g 中,6H 表示内螺纹公差代号,6g 表示(　　)公差代号。
   A. 大径　　　　　　　B. 小径　　　　　　　C. 中径　　　　　　　D. 外螺纹

3. 车削塑性金属材料的 M40×3 内螺纹时,$D_孔$ 直径约等于(　　)mm。
   A. 40　　　　　　　　B. 38.5　　　　　　　C. 8.05　　　　　　　D. 37

4. 在钢和铸铁上加工同样直径的内螺纹,钢件的底孔直径比铸铁的(　　　)。
   A. 大　　　　　　　　B. 小　　　　　　　　C. 相等　　　　　　　D. 以上都不对

5. 以下对内螺纹车刀描述不对的是(　　　)。
   A. 要刃磨正确的角度　　　　　　　　　B. 尽量增加刀具截面积
   C. 尽量缩短刀具伸出的长度　　　　　　D. 不使用对刀板安装刀具

6. 用于测量内螺纹的量具是(　　　)。
   A. 螺纹千分尺　　　B. 螺纹环规　　　C. 螺纹塞规　　　D. 游标卡尺

7. 不是编制内螺纹程序的注意事项是(　　　)。
   A. G92 前的接近点要比底孔直径小 0.5~1mm
   B. 进刀深度不宜太深,否则容易引起让刀和断刀
   C. 退刀时如果两轴分开退刀应先退 Z 轴
   D. 使用高速车削

8. 以下不是导致内螺纹加工质量问题的是(　　　)。
   A. 转速太高　　　　　　　　　　　　B. 刀杆伸出太长
   C. 工件装夹不牢固　　　　　　　　　D. 牙型角正确

9. 使用 G92 指令加工 M24 内螺纹,其有效长度为 10mm,编程正确的是(　　　)。
   A. G92 U0.6 F2;　　　　　　　　　　B. G92 X22.5 Z—10 F2;
   C. G92 X23.2 Z—10 F2.5;　　　　　　D. G92 X21.8 Z—10 F3;

10. 以下对内螺纹车刀刃磨描述错误的是(　　　)。
    A. 刀杆轴线与牙型角夹角成 30°
    B. 牙型角 60°
    C. 前刀面磨成负角度
    D. 车右旋螺纹进刀后刀面要增加螺旋角

二、填空题

以下属于内螺纹加工特性的有 _____。
① 刀具角度不受限制　　② 成形加工　　　　③ 可以随便改变转速加工
④ 刀具刀杆截面积影响大　⑤ 排屑冷却性差　　⑥ 转速越高越好

⑦ 容易产生振纹　　　　　⑧ 加工比外螺纹简单

三、技能题

1. 加工内螺纹零件

内螺纹零件如图 4-2-5 所示。

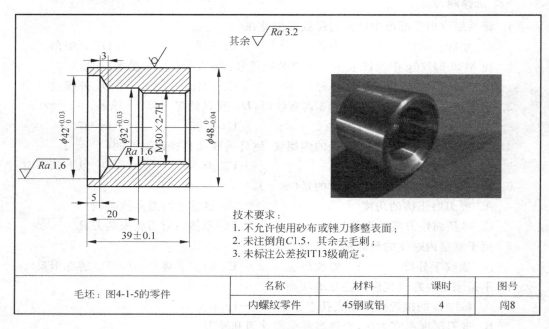

技术要求：
1. 不允许使用砂布或锉刀修整表面；
2. 未注倒角C1.5，其余去毛刺；
3. 未标注公差按IT13级确定。

毛坯：图4-1-5的零件	名称	材料	课时	图号
	内螺纹零件	45钢或铝	4	闯8

图 4-2-5　内螺纹零件

2. 加工评价

内螺纹零件的加工评价见表 4-2-11。

表 4-2-11　内螺纹零件加工评价表

项目	指　标		分值	评价方式			备　注
				自测(评)	组测(评)	师测(评)	
零件检测	内孔	$\phi42^{+0.03}_{0}$	10				
		$\phi32^{+0.03}_{0}$	10				
	长度	39 ± 0.1	10				
		5、3、20	8				
	螺纹	$\phi28$	3				
		M30×2-7H	15				
		60°	2				
	倒角	2×C1.5	2				
	表面粗糙度	$Ra3.2\mu m$(3 处)	6				
		$Ra1.6\mu m$(2 处)	9				

续表

项目	指 标	分值	评 价 方 式			备 注
			自测(评)	组测(评)	师测(评)	
技能技巧	加工工艺	5				结合加工过程与加工结果,综合评价
	提前、准时、超时完成	5				
职业素养	场地和车床保洁	5				对照7S管理要求规范进行评定
	工量具定置管理	5				
	安全文明生产	5				
合计		100				
综合评价						

☺ 你完成、通过了两个任务,并获得了100个积分,恭喜你闯过中级员工关,你现在是白领员工,你可以进入白领员工关的学习了。

项目

复杂型面零件的加工（白领员工关）

本关主要学习内容：了解球形轴、机床手柄、圆弧槽轮等成形面零件特点；了解成形面零件的加工方法和加工特点；选择并安装成形面车刀；掌握 G73 等基本指令的编程格式及其参数含义，并运用该指令编程加工；掌握成形面零件的装夹和定位、基点的计算、质量保证、刀具补偿等技术。本关有两个学习任务，一个任务是球头零件加工；另一个任务是手柄加工。

任务 1　球头零件加工

 **任务描述**

本任务是加工由 1 个球头、1 个凹圆弧面（过渡圆弧）、2 段外圆柱面、2 个端面等组成的球头零件，如图 5-1-1 所示，按图所标注的尺寸和技术要求完成零件的车削，采用 φ32×65mm 的圆棒为毛坯。

 **任务目标**

（1）掌握 G73 指令加工复杂成形面零件。

（2）学会成形面零件的装夹与定位，选用与安装加工成形面的刀具。

（3）熟记 G73 指令的编程格式及参数含义，理解该指令的含义及用法。

（4）能根据图纸对成形零件加工路线进行设计，正确制定加工工艺，并进行程序编制与加工。

（5）能检测和控制球状零件的品质。

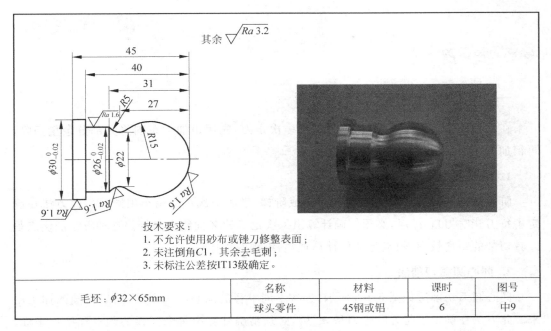

技术要求:
1. 不允许使用砂布或锉刀修整表面;
2. 未注倒角C1, 其余去毛刺;
3. 未标注公差按IT13级确定。

毛坯: $\phi32×65mm$	名称	材料	课时	图号
	球头零件	45钢或铝	6	中9

图 5-1-1 球头零件

对加工零件图 5-1-1 进行任务分析,填写表 5-1-1。

表 5-1-1 球头零件加工任务分析表

分 析 项 目		分 析 结 果
做什么	1. 结构主要特点	
	2. 尺寸精度要求	
	3. 毛坯特点	
	4. 其他技术要求	
怎么做	1. 需要什么量具	
	2. 需要什么夹具	
	3. 需要什么刀具	
	4. 需要什么编程知识	
	5. 需要什么工艺知识	
	6. 其他方面(注意事项)	
要完成这个任务	1. 最需要解决的问题是什么	
	2. 最难解决的问题是什么	

一、车圆弧面的加工路线分析

在数控车床上加工圆弧时,一般需要多次走刀,先用粗加工车削将大部分余量切除,再精加工车削成形。

1. 阶梯切削法

阶梯切削法如图 5-1-2 所示,先粗车成阶梯,最后一次走刀精车出圆弧。此方法在确定了每刀背吃刀量 a_p 后,必须精确计算出每次走刀的 Z 向终点坐标。这种方法的优点是刀具切削的距离较短,缺点是数值计算烦琐,编程的工作量较大。

2. 同心圆弧切削法

同心圆弧切削法如图 5-1-3 所示,先按不同半径的同心圆来车削,然后将圆弧加工出来。此方法在确定了每刀背吃刀量 a_p 后,必须精确计算出每个圆弧的起点和终点坐标。这种方法的优点是数值计算简单,编程方便,缺点是当圆弧半径较大时,刀具的空行程时间较长。

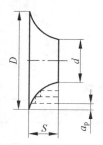 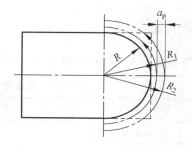

图 5-1-2　阶梯切削法　　　　图 5-1-3　同心圆弧切削法

3. 移心圆弧切削法

移心圆弧切削法如图 5-1-4 所示,按半径相同,但圆心不同的圆弧来车削。此方法在确定了每刀背吃刀量 a_p 后。必须精确计算出每个圆弧的圆心坐标或圆弧的起点和终点坐标。这种方法的优点、缺点与同心圆弧切削法相同。

4. 圆锥切削法

圆锥切削法如图 5-1-5 所示,即先车一个圆锥(将图 5-1-5 中剖面线部分切除),再车圆弧。采用此方法时,要注意圆锥起点和终点的确定,若确定不好,则可能损坏圆弧表面,也可能将余量留得过大。这种方法的优点是刀具切削路线短,缺点是数值计算较烦琐。

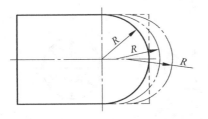
图 5-1-4　移心圆弧切削法

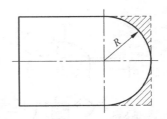
图 5-1-5　圆锥切削法

二、圆弧车削对刀具的要求

车削圆弧时,应该使用标准刀尖圆弧半径的外圆车刀,如图 5-1-6 所示,这类刀具往往手工磨削无法达到要求的。

图 5-1-6　标准刀尖圆弧半径的外圆车刀

三、圆弧的检测

为了保证含有圆弧零件的外形和尺寸的正确,可以根据不同的精度要求选用样板、游标卡尺或千分尺进行检测。

精度要求不高的圆弧面可用样板检测。检测时,样板中心应对准工件中心,并根据样板与工件之间的间隙大小来修整圆弧面,最终使样板与工件曲面轮廓全部重合即可,如图 5-1-7 所示。

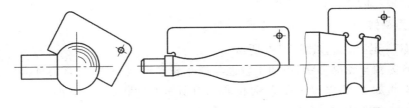
图 5-1-7　用样板检查弧面

精度要求较高的圆弧面除用样板检测其外形外,须用游标卡尺或千分尺通过被检测表面的中心并多方位地进行测量,使其尺寸公差满足工件精度要求,如图 5-1-8 所示。

如果精度要求特别高的圆弧面,必须进行高精度检测时,还可以采用三坐标测量仪进行测量。

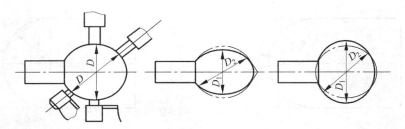

图 5-1-8 用千分尺检查圆弧面

四、封闭轮廓(固定形状)粗车循环 G73

1. 封闭轮廓(固定形状)粗车循环 G73

利用 G73 指令,可以按同一轨迹重复切削,对于锻造、铸造等粗加工已初步成形的毛坯,可以高效率地加工。由于铸、锻件毛坯的形状与零件的形状基本接近,只是外径、长度较成品尺寸大一些,形状较为固定,所以称为固定形状粗车循环。

指令格式:

G73 U (△i) W(△k) R(d);
G73 P(ns) Q(nf) u(△u) w(△w) F(f) S(s) T(t) ;

说明:

△i:粗切径向切除的余量(半径值),该参数为模态量。

△k:粗切轴向切除的余量,该参数为模态量。

d:粗切循环次数,该参数为模态量。

ns:精加工程序第一个程序段的顺序号。

nf:精加工程序最后一个程序段的顺序号。

△u:X 方向精车预留量的距离和方向。

△w:Z 方向精车预留量的距离和方向。

F、S、T:粗车过程中程序段号 ns 和 nf 之间包含的任何 F、S、T 功能将被忽略,只有 G73 指令中指定的 F、S、T 功能有效。

2. 走刀路线

G73、G70 走刀轨迹如图 5-1-9 所示。

A′→B 为精车轮廓形状,粗加工轨迹与精车轮廓形状一致,只是由外向内逐步平移,实现轮廓的粗加工,最终分别在 X 向和 Z 向留精加工余量 △u/2 和 △w。

3. G73 编程的注意事项

(1) G73 循环前的定位点必须是毛坯以外的安全点,进刀起点由系统根据 G73 所设置的参数和零件轮廓大小计算后自动调整定位。

(2) 应用 G73 加工棒料毛坯零件时,由于是平移轨迹法加工,会出现很多空刀,因此,要求编程者应考虑更为合理的加工工艺方案。

(3) G70 精车循环之前的定位点必须是毛坯外的点,该点将被系统认为精加工结束

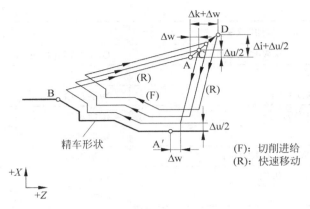

图 5-1-9　G73、G70 走刀轨迹

后的退刀点,若小于毛坯,将会出现撞刀事故。

4. G73 指令对封闭轮廓零件加工实例

加工如表 5-1-2 中所示的零件,其编程见表 5-1-2。

表 5-1-2　封闭轮廓零件加工实例

编程实例图	刀具及切削用量表	
	刀具	T0101 90°外圆正偏刀 (刀尖角为 35°)
	主轴转速 S	1000r/min
	进给量 F	100mm/min
	背吃刀量 a_p	<2mm
用 G73 车削加工程序	程序说明	
O2014;	程序号	
N10 T0101 M03 S1000;	调用 01 号 90°外圆车刀,正转,转速为 100r/min	
N12 G98 G0 X100 Z100;	给定进给方式,设置安全位置点	
N14 G00 X220.0 Z160.0;	快速移动到下刀点	
N16 G73 U14.0 W14.0 R10;	G73 粗车循环,分割次数	

续表

用 G73 车削加工程序	程序说明
N18 G73 P20 Q30 U0.5 W0.25 100;	G73 循环起始段 N20 到 N30
N20 G00 X80.0 W−40;	切削进给
N22 G01 W−20.0 F100;	切削进给
N24 X120.0 W−10.0;	切削进给
N26 W−20.0;	切削进给
N28 G02 X160.0 W−20.0 R20.0;	切削进给
N30 G01 X180.0 W−10.0;	切削进给
N34 G70 P20 Q30;	精加工
N36 G0 X100 Z100 M5;	快速退刀到安全换刀点
N38 M30;	程序结束
%	程序结束符

五、车削球头零件时产生废品的原因及预防措施

车削球头零件时产生废品的原因及预防措施见表 5-1-3。

表 5-1-3　车削球头零件时产生废品的原因及预防措施

问 题 现 象	产 生 的 原 因	预 防 措 施
产生过切	1. 选择刀具的刀尖角太大； 2. 走刀路线设计有误； 3. 程序错误	1. 选用外圆尖刀(刀尖角为 35°)； 2. 注意走刀路线； 3. 检查修改程序
表面粗糙度值偏大	1. 刀具安装角度不正确； 2. 刀具磨损； 3. 切削用量选择不当； 4. 机床导轨间隙太大或刚性不强	1. 正确安装刀具； 2. 刃磨刀具或更换刀片； 3. 合理选择切削用量； 4. 注意检查机床导轨间隙和刚性
球体尺寸不正确	1. 测量错误； 2. 计算错误； 3. 程序错误	1. 注意正确使用测量工具； 2. 仔细计算球体尺寸； 3. 检查程序

一、任务准备

（1）零件图工艺分析，提出工艺措施。

（2）确定刀具，将选定的刀具参数填入表 5-1-4，以便于编程和任务实施。

表 5-1-4　球头零件数控加工刀具卡

项目代号			零件名称		零件图号		
序号	刀具号	刀具规格名称	数量	加工表面	刀尖半径/mm	备　注	
编制：	审核：			批准：		共　页	

（3）确定装夹方案和切削用量,根据被加工零件的技术要求、刀具材料、工件材料等,参考切削手册或有关参考书选取合适的切削速度、进给速度和背吃刀量,结合工艺措施,填写表 5-1-5。

表 5-1-5　球头零件数控加工工序卡

单位名称			项目代号	零件名称		零件图号	
工序号		程序编号	夹具名称	使用设备		车　间	
工步号	工步内容	刀具号	刀具规格/mm	主轴转速/(r/min)	进给速度/(mm/min)	背吃刀量/mm	备　注
编制：		审核：		批准：		共　页	

情景链接,视频演示

（1）如果不会操作加工时,可以看一看视频,视频演示可作为操作的示范。

（2）如果不知道走刀顺序和编程,可以看一看视频,视频演示可作为编程的参考。

（3）如果你不想看,那么,自己做完后,看一看视频演示中操作加工与你的操作加工有什么不同。

以上操作步骤视频,可以扫描二维码观看。

二、编写加工程序

根据前期的规划和图纸要求编写加工程序,填写表 5-1-6。

表 5-1-6 球头零件数控加工程序表

编程零件图	走刀路线简图
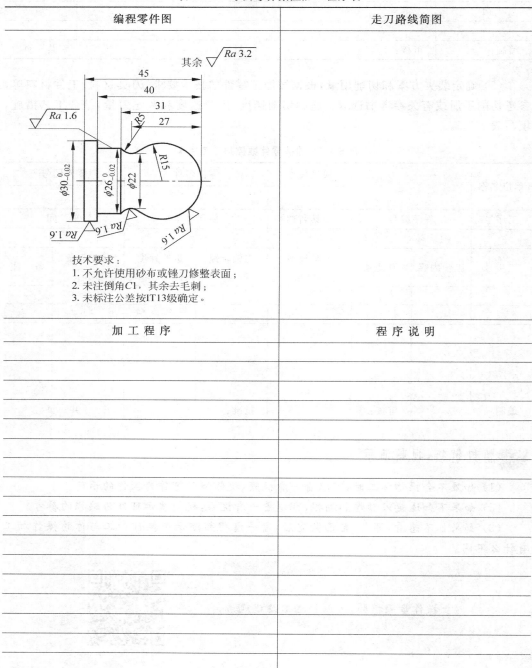	

技术要求:
1. 不允许使用砂布或锉刀修整表面;
2. 未注倒角C1,其余去毛刺;
3. 未标注公差按IT13级确定。

加 工 程 序	程 序 说 明

续表

加 工 程 序	程 序 说 明

三、模拟加工

（1）开机，回参考点。

（2）编写并输入加工程序。

（3）启动模拟加工，检查程序。

在模拟加工时，检查加工程序是否正确，如有问题立即修改。

四、真实加工

（1）装夹工件和刀具。

（2）试切法对刀。

（3）单步加工无误后自动连续加工。

（4）测量，修改刀具磨损值，进行加工过程的质量控制。

（5）检测，合格后取下工件。

（6）工件调头车端面，检验合格后卸下工件。

（7）数控车床的维护、保养及场地的清扫。

 任务评价

根据表 5-1-7 中各项指标，对球头零件加工情况进行评价。

表 5-1-7 球头零件加工评价表

项　目	指　标		分值	评 价 方 式			备　注
				自测(评)	组测(评)	师测(评)	
零件检测	外圆	$\phi30^{~0}_{-0.02}$	10				
		$\phi26^{~0}_{-0.02}$	10				
		$\phi22$	5				
	圆弧	$R5$	5				
	球头	$SR15$	15				
	长度	45	5				
		31	5				
		40	5				
	表面粗糙度	$Ra1.6\mu m$(3处)	15				

续表

项　目	指　标	分值	评价方式			备　注
			自测(评)	组测(评)	师测(评)	
技能技巧	加工工艺	5				结合加工过程与加工结果,综合评价
	提前、准时、超时完成	5				
职业素养	场地和车床保洁	5				对照7S管理要求规范进行评定
	工量具定置管理	5				
	安全文明生产	5				
合计		100				
综合评价						

注:
1. 评分标准
零件检测:尺寸超差0.01mm,扣5分,扣完本尺寸分值为止;表面粗糙度每降一级,扣3分,扣完为止。
技能技巧和职业素养,根据现场情况,由老师和同学协商执行。
2. 测评者说明
自测:由自己测量和评价,有数据的把数据填入表中,并根据评分标准评分。
组测:由自己所在组的组长测量和评价,组长间相互测量和评价,组长把数据填入表中并评分。
师测:由教师测量和评价,教师把数据填入表中给予评分。
评分说明:如果学生自测时,测出数据偏差较大,建议师傅(或教师)从总得分里酌情扣除一定的分数(由师生共同协商而定)。

 **任务总结**

完成任务后,请同学们进行总结与反思,对本任务有何体会和感悟,填写表5-1-8。

表 5-1-8　体会与感悟

最大的收获	
存在的问题	
改进的措施	

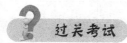 **过关考试**

一、选择题

1. 程序段 G73 P35 Q60 U4.0 W2.0 F500;中,W2.0 的含义是(　　)。

　　A. Z 轴方向的精加工余量　　　　　B. X 轴方向的精加工余量

C. X 轴方向的背吃刀量　　　　　　　　D. Z 轴方向的退刀量

2. 零件几何要素按存在的状态分为实际要素和(　　)。

A. 轮廓要素　　　　　　　　　　　　B. 被测要素

C. 理想要素　　　　　　　　　　　　D. 基准要素

3. 在车床数控系统中,粗加工封闭式复合固定循环车削指令的是(　　)。

A. G71　　　　　　B. G73　　　　　　C. G75　　　　　　D. G72

4. 在 FANUC 0i 系统中,G73 指令第一行中的 R 的含义是(　　)。

A. X 向回退量　　　　　　　　　　　B. 维比

C. Z 向回退量　　　　　　　　　　　D. 走刀次数

5. 冲击负荷较大的断续切削应取较大的刃倾角。加工高硬度材料取(　　)刃倾角,精加工时取刃倾角为(　　)。

A. 负值　　　　　　　　　　　　　　B. 正值

C. 零值　　　　　　　　　　　　　　D. 以上都不对

6. 手动使用夹具装夹造成工件尺寸一致性误差的主要原因是(　　)。

A. 夹具制造误差　　　　　　　　　　B. 夹紧力一致性差

C. 热变形　　　　　　　　　　　　　D. 工件余量不同

7. G73 一般不在加工(　　)场合应用。

A. 锻造零件　　　　　　　　　　　　B. 铸造零件

C. 凹凸圆弧面　　　　　　　　　　　D. 大小单调一致的零件

8. 程序段 G73 U20.0 W0 R15;中,U20.0 的含义是(　　)。

A. 沟槽深度　　　　　　　　　　　　B. X 方向总的退刀量

C. 沟槽直径　　　　　　　　　　　　D. X 的进刀量

9. 精车时加工余量较小,为提高生产率,应选择(　　)大些。

A. 进给量　　　　　　　　　　　　　B. 切削速度

C. 背吃刀量　　　　　　　　　　　　D. 转速

10. 车削直径为 $\phi 100mm$ 的工件外圆,若主轴转速设定为 1000r/min,则切削速度 v_c 为(　　)m/min。

A. 100　　　　　　　　　　　　　　　B. 157

C. 200　　　　　　　　　　　　　　　D. 314

二、填空题

图 5-1-10 所示酒瓶零件的加工顺序为 ＿＿＿＿＿＿＿＿＿＿＿＿＿＿＿＿＿＿＿。

① 车端面　　② 车外圆　　③ 装夹工件　　④ 拆卸工件,质量检查

⑤ 车圆弧 R5　　⑥ 车圆锥面　　⑦ 车圆弧

三、技能题

1. 加工酒瓶零件

酒瓶零件如图 5-1-10 所示。

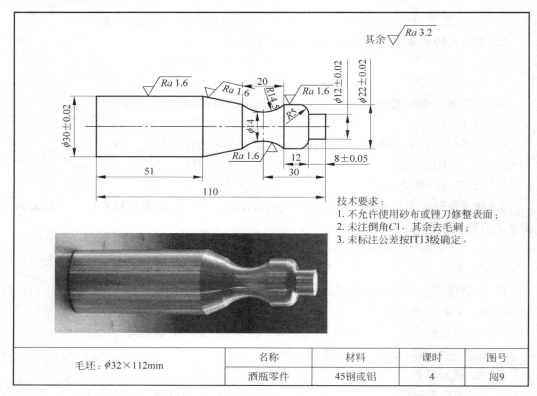

技术要求：
1. 不允许使用砂布或锉刀修整表面；
2. 未注倒角C1，其余去毛刺；
3. 未标注公差按IT13级确定。

毛坯：$\phi32\times112$mm

名称	材料	课时	图号
酒瓶零件	45钢或铝	4	闯9

图 5-1-10　酒瓶零件

2. 加工评价

酒瓶零件的加工评价见表 5-1-9。

表 5-1-9　酒瓶零件加工评价表

项　目	指　标		分值	评 价 方 式			备　注
				自测(评)	组测(评)	师测(评)	
零件检测	外圆	$\phi30\pm0.02$	10				
		$\phi22\pm0.02$	10				
		$\phi14$	4				
		$\phi12\pm0.02$	10				
	圆弧	$R5$	8				
		$R14.5$	8				
	长度	8 ± 0.05	4				
		110	2				
		12、30、20、51	4				
	表面粗糙度	$Ra1.6\mu$m(4 处)	12				
		$Ra3.2\mu$m(2 处)	3				
技能技巧	加工工艺		5				结合加工过程与加工结果,综合评价
	提前、准时、超时完成		5				

续表

项　目	指　　标	分值	评　价　方　式			备　　注
			自测(评)	组测(评)	师测(评)	
职业素养	场地和车床保洁	5				对照7S管理
	工量具定置管理	5				要求规范进行
	安全文明生产	5				评定
	合计	100				
	综合评价					

☆ 恭喜你完成、通过了第1个任务,并获得50个积分,继续加油,期待你闯过高级员工关(白领)第2个任务。

任务2　手柄加工

任务描述

本任务是加工2段凸圆弧面、1段凹圆弧面、2段外圆柱面、1个端面等组成的手柄,如图5-2-1所示,按图所标注的尺寸和技术要求完成零件的车削,采用 $\phi 50 \times 93$mm 的圆棒料为毛坯。

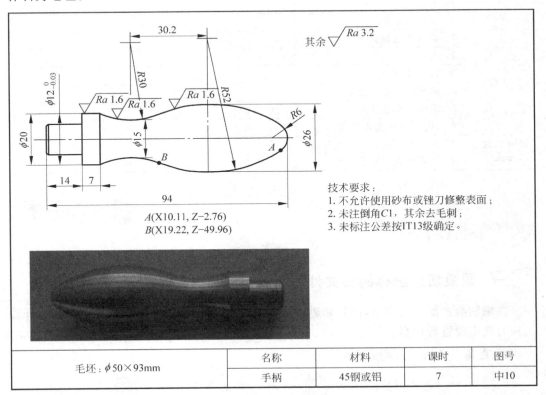

技术要求:
1. 不允许使用砂布或锉刀修整表面;
2. 未注倒角C1,其余去毛刺;
3. 未标注公差按IT13级确定。

A(X10.11, Z−2.76)
B(X19.22, Z−49.96)

毛坯:$\phi 50 \times 93$mm

名称	材料	课时	图号
手柄	45钢或铝	7	中10

图 5-2-1　手柄

（1）掌握 G73、G70 指令加工复杂成形面。

（2）正确处理刀具副偏角对凹圆弧工件表面的影响。

（3）学会成形面各图素的节点计算。

（4）能根据图纸正确制订加工工艺，并综合运用 G02、G03、G73、G70 进行程序编制与加工。

（5）能掌握较复杂成形面零件产生废品的原因及措施。

对加工零件图 5-2-1 进行任务分析，填写表 5-2-1。

表 5-2-1　手柄加工任务分析表

分析项目		分析结果
做什么	1. 结构主要特点	
	2. 尺寸精度要求	
	3. 毛坯特点	
	4. 其他技术要求	
怎么做	1. 需要什么量具	
	2. 需要什么夹具	
	3. 需要什么刀具	
	4. 需要什么编程知识	
	5. 需要什么工艺知识	
	6. 其他方面（注意事项）	
要完成这个任务	1. 最需要解决的问题是什么	
	2. 最难解决的问题是什么	

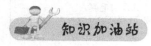

一、圆弧切点坐标的相关计算

在编制数控加工程序时，必须知道各图素的节点，在计算节点时常采用三角函数计算法和勾股定理进行计算。

1. 直角三角形三角函数关系

$$角的正弦：\sin\alpha=\frac{对边}{斜边} \qquad 角的余弦：\cos\alpha=\frac{邻边}{斜边}$$

$$角的正切：\tan\alpha = \frac{对边}{邻边} \qquad\qquad 角的余切：\cot\alpha = \frac{邻边}{对边}$$

勾股定理： $\because a^2 + b^2 = c^2$

$$\therefore a = \sqrt{c^2 - b^2}\,, \quad b = \sqrt{c^2 - a^2}\,, \quad c = \sqrt{a^2 + b^2}$$

式中，a、b、c 分别为直角三角形的边长，其中 c 为斜边。

2. 任意三角形的三角函数关系

正弦定理：

$$\frac{a}{\sin A} = \frac{b}{\sin B} = \frac{c}{\sin C} = 2R$$

式中，a、b、c 分别为角 A、B、C 所对边的边长；R 为三角形外接圆半径。

余弦定理：

$$\cos A = \frac{b^2 + c^2 - a^2}{2bc}$$

3. 计算

根据图纸作辅助线，如图 5-2-2 所示，运用公式计算各节点，计算过程如下。

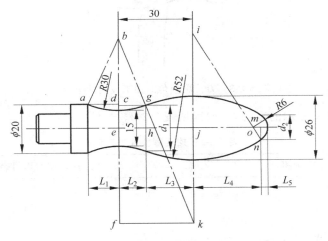

图 5-2-2 作辅助线

在 $\mathrm{Rt}\triangle abd$ 中：

$$L_1 = ad = \sqrt{ab^2 - bd^2} = \sqrt{30^2 - (30 + 7.5 - 10)^2} = 11.98$$

在相似 $\mathrm{Rt}\triangle bcg$ 和 $\mathrm{Rt}\triangle bfk$ 中：

$$L_2 = cg = \frac{bg \cdot fk}{bk} = \frac{30 \times 30}{82} = 10.97$$

$$L_3 = 30 - 10.97 = 19.02$$

$$d_1 = 2gh = 2(be - \sqrt{bg^2 - cg^2}) = 2 \times (37.5 - \sqrt{30^2 - 10.92^2}) = 19.11$$

在相似 $\mathrm{Rt}\triangle oij$ 和 $\mathrm{Rt}\triangle omn$ 中：

$$oj = \sqrt{oi^2 - ij^2} = \sqrt{(52 - 6)^2 - (52 - 13)^2} = 24.39$$

$$om = \frac{on \cdot oj}{oi} = \frac{6 \times 24.39}{52} = 2.81$$

$$L_4 = oj + om = 24.39 + 2.81 = 27.2$$

$$L_5 = 6 - 2.81 = 3.19$$

$$d_2 = 2mn = \sqrt{on^2 - om^2} = \sqrt{6^2 - 2.81^2} = 10.6$$

除了采用数学计算的方法求节点坐标数值,也可以利用软件画图求点的方法获得节点坐标数值。

二、刀具副偏角对加工表面的影响

在加工含有圆弧面的零件时,特别是外表面上有内凹圆弧面时,加工刀具的副偏角对零件表面有很大的影响,选择刀具时要特别注意。如图 5-2-3 所示,如果选择不当,车刀副后刀面就会与已加工表面发生干涉。一般主偏角取 $90° \sim 93°$,刀尖角取 $35° \sim 55°$,以保证刀尖位于刀具的最前端,避免刀具过切。

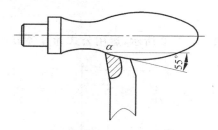

图 5-2-3　刀具副偏角对加工表面的影响

加工表 5-2-2 中图示的零件,其编程见表 5-2-2。

表 5-2-2　球头零件加工实例

编程实例图	刀具及切削用量表	
	刀具	T0101 90°外圆正偏刀
	主轴转速 S	1000r/min
	进给量 F	100mm/min
	背吃刀量 a_p	<2mm

续表

用 G73 车削加工程序	程 序 说 明
O2015;	程序号
N10 T0101 M03 S500;	调用 01 号 90°外圆车刀,正转,转速为 500r/min
N20 G0 X100 Z100;	安全位置点
N30 G00 X46 Z1;	快速移动到下刀点
N40 G73 U22.5 W0 R10;	定义 G73 粗车循环,分割次数 10 次
N50 G73 P60 Q90 U0.5 W0 F40;	G73 循环起始段 N60 到 N90
N60 G00 X0;	快速定位
N70 G01 Z0 F100;	切削进给
N80 G01 Z−45.0;	切削进给
N90 X46;	退刀
N100 M3 S1000;	变速
N110 G70 P60 Q90;	精加工
N120 G0 X100 Z100 M5;	快速退刀到安全换刀点
N130 M30;	程序结束
%	程序结束符

三、车削手柄时产生废品的原因及预防措施

车削手柄时产生废品的原因及预防措施见表 5-2-3。

表 5-2-3 车削手柄时产生废品的原因及预防措施

问 题 现 象	产 生 的 原 因	预 防 措 施
圆弧的表面粗糙度偏大(不光滑)	1. 切削用量选择不合理; 2. 刀尖圆弧半径太大; 3. 刀具磨损	1. 选择合理的切削用量; 2. 选择合适的刀尖圆弧半径; 3. 刃磨刀具或更换刀片
手柄有端面出现小凸平台	1. 对刀不准确; 2. 程序错误	1. 正确对刀; 2. 检查程序
曲面上出现振动,留有振纹	1. 工件装夹不合理; 2. 刀具安装不合理; 3. 切削参数设置不合理	1. 正确装夹工件,保证刚度; 2. 调整刀具安装位置; 3. 降低切削速度和进给量
尺寸不正确	1. 刀补不正确; 2. 程序错误; 3. 尺寸计算错误	1. 检查刀补; 2. 检查程序; 3. 仔细计算各尺寸

一、任务准备

（1）手柄图工艺分析，提出工艺措施。

（2）确定刀具，将所选定的刀具参数填入表 5-2-4，以便于编程和任务实施。

表 5-2-4　手柄数控加工刀具卡

项目代号			零件名称		零件图号		
序号	刀具号	刀具规格名称	数量	加工表面	刀尖半径/mm	备　注	
编制：		审核：		批准：		共　页	

（3）确定装夹方案和切削用量，根据被加工零件的技术要求、刀具材料、工件材料等，参考切削手册或有关参考书选取合适的切削速度、进给速度和背吃刀量，结合工艺措施，填写表 5-2-5。

表 5-2-5　手柄零件数控加工工序卡

单位名称			项目代号	零件名称		零件图号	
工序号		程序编号	夹具名称	使用设备		车　间	
工步号	工步内容	刀具号	刀具规格 /mm	主轴转速 /(r/min)	进给速度 /(mm/min)	背吃刀量 /mm	备　注
编制：		审核：		批准：		共　页	

情景链接，视频演示

（1）如果不会操作加工时，可以看一看视频，视频演示可作为操作的示范。

（2）如果不知道 G73 的走刀路线，可以看一看视频，视频演示可作为编程的参考。

（3）如果你不想看,那么,自己做完后,看一看视频演示中操作加工与你的操作加工
有什么不同。

以上操作步骤视频,可以扫描二维码观看。

二、编写加工程序

根据前期的规划和图纸要求编写加工程序,填写表5-2-6。

表 5-2-6　手柄数控加工程序表

编程零件图	走刀路线简图
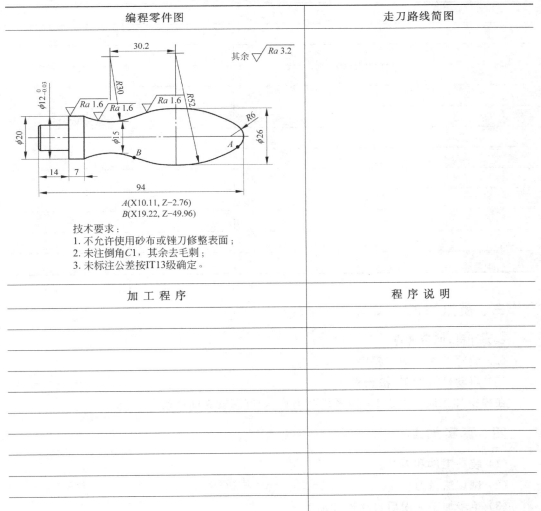	

技术要求:
1. 不允许使用砂布或锉刀修整表面;
2. 未注倒角C1, 其余去毛刺;
3. 未标注公差按IT13级确定。

加工程序	程序说明

续表

加 工 程 序	程 序 说 明

三、模拟加工

(1) 开机,回参考点。

(2) 编写并输入加工程序。

(3) 启动模拟加工,检查程序。

在模拟加工时,检查加工程序是否正确,如有问题立即修改。

四、真实加工

(1) 装夹工件和刀具。

(2) 试切法对刀。

(3) 单步加工无误后自动连续加工。

(4) 测量,修改刀具磨损值,进行加工过程的质量控制。

（5）检测，合格后取下工件。

（6）工件调头车端面，检验合格后卸下工件。

（7）数控车床的维护、保养及场地的清扫。

任务评价

根据表 5-2-7 中各项指标，对手柄加工情况进行评价。

表 5-2-7   手柄加工评价表

项目	指标		分值	评价方式			备注
				自测(评)	组测(评)	师测(评)	
零件检测	外圆	$\phi 12_{-0.03}^{0}$	15				
		$\phi 26$	3				
		$\phi 20$	3				
		$\phi 15$	3				
	圆弧	$R6$	8				
		$R30$	8				
		$R52$	8				
	长度	94	6				
		14、7	4				
	倒角	C1(1 处)	2				
	表面粗糙度	$Ra1.6\mu m$(3 处)	9				
		$Ra3.2\mu m$(2 处)	6				
技能技巧	加工工艺		5				结合加工过程与加工结果，综合评价
	提前、准时、超时完成		5				
职业素养	场地和车床保洁		5				对照 7S 管理要求规范进行评定
	工量具定置管理		5				
	安全文明生产		5				
合计			100				
综合评价							

注：

1. 评分标准

零件检测：尺寸超差 0.01mm，扣 5 分，扣完本尺寸分值为止；表面粗糙度每降一级，扣 3 分，扣完为止。

技能技巧和职业素养，根据现场情况，由老师和同学协商执行。

2. 测评者说明

自测：由自己测量和评价，有数据的把数据填入表中，并根据评分标准评分。

组测：由自己所在组的组长测量和评价，组长间相互测量和评价，组长把数据填入表中并评分。

师测：由教师测量和评价，教师把数据填入表中给予评分。

评分说明：如果学生自测时，测出数据偏差较大，建议师傅(或教师)从总得分里酌情扣除一定的分数(由师生共同协商而定)。

 **任务总结**

完成任务后,请同学们进行总结与反思,对本任务有何体会和感悟,填写表 5-2-8。

表 5-2-8　体会与感悟

最大的收获	
存在的问题	
改进的措施	

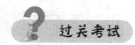 **过关考试**

想一想

一、选择题

1. 确定夹紧力方向时,应该尽可能使夹紧力方向垂直于( )基准面。

    A. 主要定位　　　　B. 辅助定位　　　　C. 止推定位　　　　D. 以上都不对

2. 圆弧插补中,对于整圆,其起点和终点相重合,用 R 编程无法定义,所以只能用( )编程。

    A. 绝对坐标　　　　B. 圆心坐标　　　　C. 相对坐标　　　　D. 混合坐标

3. 在车床数控系统中,仿形加工复合固定循环车削指令的是( )。

    A. G71　　　　B. G73　　　　C. G75　　　　D. G72

4. 刀具正常磨损中最常见的情况是( )磨损。

    A. 前刀面　　　　B. 后刀面　　　　C. 前、后刀面同时　　　　D. 刀尖

5. 切断时防止产生振动的措施是( )。

    A. 适当增大前角　　　　　　　　　　B. 减小前角

    C. 增加刀头宽度　　　　　　　　　　D. 减小进给量

6. FANUC 系统车削一段起点坐标为(X40,Z−20)、终点坐标为(X50,Z−25)、半径为 5mm 的外圆凸圆弧面,正确的程序段是( )。

    A. G98 G02 X40 Z−20 R5 F80;　　　　B. G98 G02 X50 Z−25 R5 F80;

    C. G98 G03 X40 Z−20 R5 F80;　　　　D. G98 G03 X50 Z−25 R5 F80;

7. 在 G73 U(△I) W(△k) R(△d);程序格式中,( )表示总的切削次数。

    A. △I　　　　B. △k　　　　C. △d　　　　D. Z(W)

8. 程序段 G75 X20.0 P5.0 F15;中,X20.0 的含义是(　　)。

    A. 沟槽深度　　　　　B. X 的退刀量　　　　C. 沟槽直径　　　　D. X 的进刀量

9. 以下精度公差中,不属于形状公差的是(　　)。

    A. 同轴度　　　　　　B. 圆柱度　　　　　　C. 平面度　　　　　D. 圆度

10. 下面说法不正确的是(　　)。

    A. 进给量越大表面 Ra 值越大

    B. 工件的装夹精度影响加工精度

    C. 工件定位前须仔细清理工件和夹具定位部位

    D. 通常精加工时的 F 值大于粗加工时的 F 值

二、填空题

图 5-2-4 所示机床手柄零件的加工顺序为 ＿＿＿＿＿＿＿＿＿＿＿＿＿＿＿＿＿＿。

① 车端面　　　　　　② 车外圆　　　　　　③ 装夹工件

④ 拆卸工件,质量检查　⑤ 倒角　　　　　　　⑥ 车 4 槽

⑦ 车 5 槽　　　　　　⑧ 车 18 槽　　　　　⑨ 调头装夹

三、技能题

1. 加工机床手柄

机床手柄如图 5-2-4 所示。

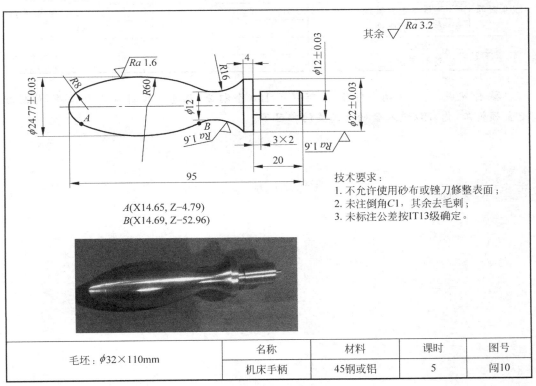

A(X14.65, Z−4.79)
B(X14.69, Z−52.96)

技术要求:
1. 不允许使用砂布或锉刀修整表面;
2. 未注倒角C1,其余去毛刺;
3. 未标注公差按IT13级确定。

毛坯:ϕ32×110mm

名称	材料	课时	图号
机床手柄	45钢或铝	5	闯10

图 5-2-4　机床手柄零件

2. 加工评价

机床手柄的加工评价见表 5-2-9。

表 5-2-9　机床手柄加工评价表

项目	指　标		分值	评　价　方　式			备　注
				自测(评)	组测(评)	师测(评)	
零件检测	外圆	$\phi24.77\pm0.03$	10				
		$\phi22\pm0.03$	10				
		$\phi12\pm0.03$	10				
		$\phi12$	3				
	圆弧	$R60$	3				
		$R16$、$R8$	6				
	长度	95	6				
		20、4	6				
	切槽	3×2	6				
	表面粗糙度	$Ra1.6\mu m$(3 处)	9				
		$Ra3.2\mu m$(3 处)	6				
技能技巧	加工工艺		5				结合加工过程与加工结果,综合评价
	提前、准时、超时完成		5				
职业素养	场地和车床保洁		5				对照 7S 管理要求规范进行评定
	工量具定置管理		5				
	安全文明生产		5				
合计			100				
综合评价							

☺ 你完成、通过了两个任务,并获得了 100 个积分,恭喜你闯过高级员工关,你现在是金领员工,你可以进入金领员工关的学习了。

项目

中级工综合训练题(金领员工关)

本关主要学习内容：在数控车床上加工难度中等,符合中级工技能考核要求的综合零件；综合运用 G01、G02、G03、G04、G32、G70、G71、G72、G73、G75、G90、G92、G94、G97 等基本指令进行编程和加工；根据零件图纸正确分析加工工艺及程序编制；掌握加工过程品质控制和对零件质量的检测；通过任务训练,进一步提高编程加工的技能和技巧,提高数控车削加工的综合应用能力。本关有三个学习任务,第一个任务是带有斜槽螺纹轴加工；第二个任务是带有宽槽螺纹轴加工；第三个任务是带有曲面螺纹轴加工。

任务 1　带有斜槽螺纹轴加工

 任务描述

本任务是加工由 1 个斜槽、1 段三角螺纹面、1 段凹圆弧面(过渡圆弧)、1 个凸圆弧面(过渡圆弧)、3 段外圆柱面、2 个端面等组成的带有斜槽螺纹轴,如图 6-1-1 所示,这是在数控车床上中等加工的难度,并符合中级工技能考核要求的综合零件,按图所标注的尺寸和技术要求完成综合零件的车削,采用 $\phi60\text{mm}\times105\text{mm}$ 的圆棒为毛坯。

 任务目标

(1) 根据零件特点进行工艺分析包括刀具选择和安装、工件装夹、切削用量的选择等。

(2) 能根据零件图纸,进行工艺分析,选择相应的指令进行程序编制。

(3) 熟悉数控加工工序及各种工序卡片的填写方法。

(4) 能熟练操作数控车床加工一般综合性零件。

(5) 能对综合性零件进行精度控制。

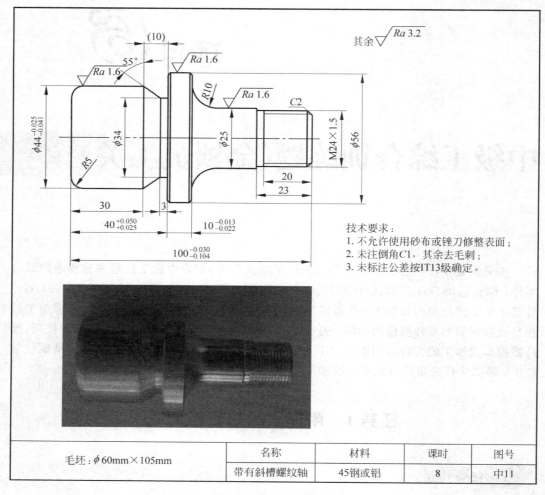

图 6-1-1　带有斜槽螺纹轴

名称	材料	课时	图号
带有斜槽螺纹轴	45钢或铝	8	中11

毛坯：ϕ60mm×105mm

技术要求：
1. 不允许使用砂布或锉刀修整表面；
2. 未注倒角C1，其余去毛刺；
3. 未标注公差按IT13级确定。

 任务分析

 议一议

对加工零件图 6-1-1 进行任务分析，填写表 6-1-1。

表 6-1-1　带有斜槽螺纹轴加工任务分析表

	分析项目	分析结果
做什么	1. 结构主要特点	
	2. 尺寸精度要求	
	3. 毛坯特点	
	4. 其他技术要求	

续表

分析项目		分析结果
怎么做	1. 需要什么量具	
	2. 需要什么夹具	
	3. 需要什么刀具	
	4. 需要什么编程知识	
	5. 需要什么工艺知识	
	6. 其他方面(注意事项)	
要完成这个任务	1. 最需要解决的问题是什么	
	2. 最难解决的问题是什么	

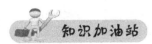

一、编程原点的确定

由于工件长度方向的尺寸精度要求不高,根据编程原点的确定原则,该工件的编程原点取在工件装夹后的右端面与主轴轴线相交的交点。

二、制定加工方案及加工路线

本任务采用两次装夹后完成粗、精加工的加工方案,先加工左端外形,完成粗、精加工后,调头加工另一端(外圆及螺纹)。

1. 左端外形加工

加工工艺分析如下:

(1) 左端只有一个非单调递增/递减外形需要加工,使用 G73 指令加工即可。

(2) 由于整个零件的外圆尺寸公差只有外径尺寸 $\phi 44^{-0.025}_{-0.041}$ 有较高的精度要求,其余外径都是一般公差,所以外圆的加工精度可直接使用机床的刀具刀补功能保证加工精度。

(3) 左端长度尺寸 $40^{+0.050}_{+0.025}$ 是正偏差,取其公差值的中间值,在加工过程中利用程序来控制尺寸精度。

加工表 6-1-2 中图示的零件,其编程见表 6-1-2。

2. 右端外形及螺纹的加工

加工工艺分析如下。

(1) 右端是一个单调递增外形,所以外形可使用 G71 编程加工,外形精度为一般公差,所以采用加工左端时调好的刀补数据加工即可保证其尺寸精度。

(2) M24×1.5 的螺纹可使用 G92 加工,使用螺纹环规检测。

(3) $10^{-0.013}_{-0.022}$、$40^{+0.050}_{+0.025}$ 和 $100^{-0.030}_{-0.104}$ 这三个长度精度相互制约,需采用公差配合中的封环计算方式进行程序修改。具体计算如下:

① 总长 $100^{-0.030}_{-0.104}$ 加工后零件长度为 99.93(取中间公差值)。

表 6-1-2　零件左端加工实例

编程实例图（零件左端图形）	刀具及切削用量表	
	刀具	T0101 93°外圆正偏刀 （粗加工）	T0101 93°外圆正偏刀 （精加工）
	主轴转速 S	800r/min	1600r/min
	进给量 F	160mm/min	160mm/min
	背吃刀量 a_p	＜2mm	＜1mm

加　工　程　序	程　序　说　明
O2016；	程序号
N10 T0101；	调用 01 号刀，93°外圆正偏刀
N20 M03 S800；	主轴低速正转，转速为 800r/min
N30 G00 X60 Z3；	快速移动到进刀点
N40 G90 X58 Z−55 F160；	G90 切外圆（避免 G73 指令车工件黑皮），进给速度为 160mm/min
N50 G73 U6 R6；	G73 封闭循环指令
N60 G73 P70 Q160 U0.5 W0 F160；	
N70 G00 X34；	G00 快速定位到加工起点 X34、Z3 位置
N80 G01 Z0 F160；	G01 直线运动到加工起点
N90 G03 X44 Z−5 R5；	G03 加工 R5 的圆角
N100 G01 Z−30；	G01 直线
N110 X34 Z−37；	G01 凹槽
N120 Z−40.04；	使用程序保证 $40^{+0.050}_{+0.025}$ 的长度尺寸
N130 X54；	倒角起点
N140 X56 Z−41；	C1 倒角
N150 Z−55；	加工长度为 10 的外圆直径 ϕ56
N160 X60；	用 G01 车削端面
N170 M03 S1600；	精加工主轴转速
N180 T0101；	根据外径测量尺寸，调整刀补，重新执行 1 号刀补
N200 G00 X60 Z3；	回加工循环起点
N210 G70 P70 Q160；	精加工，保证外径尺寸达到要求
N220 G00 X100 Z100 M05；	退回安全换刀点，停主轴
N230 T0100；	取消 1 号刀补
N240 M30；	程序结束
％	程序结束符

② 因为左端长度 $40^{+0.050}_{+0.025}$ 在加工编程时加工的长度为 40.04,所以加工右端时所剩长度为 $99.93-40.04=59.89$,如图 6-1-2 所示。

③ $10^{-0.013}_{-0.022}$ 的加工尺寸预设为 9.98,计算 $59.89-9.98-10=39.91$,可得 R10 圆弧起点的 Z 轴的相对坐标为 39.91,如图 6-1-3 所示。

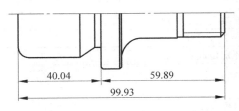

图 6-1-2 加工右端时所剩长度计算

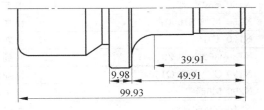

图 6-1-3 圆弧起点的 Z 轴相对坐标

加工表 6-1-3 中所示的零件,其编程见表 6-1-3。

表 6-1-3 零件右端加工实例

编程实例图	刀具及切削用量表		
	刀具	T0101 93°外圆正偏刀	T0202 外螺纹刀
	主轴转速 S	1600r/min	600r/min
	进给量 F	160mm/min	导程(螺距)
	背吃刀量 a_p	<2mm	≤1mm

加工程序	程序说明
O2017;	程序号
N10 T0101;	调用 01 号 93°外圆正偏刀
N20 M03 S800;	主轴低速正转,转速为 800r/min
N30 G00 X60 Z3;	快速移动到 G71 外形加工起点,X60、Z3 处
N40 G71 U2 R1;	粗车每刀深 2mm,退刀 1mm
N50 G71 P60 Q150 U0.5 W0.05 F160;	精加工余量 X0.5mm,Z0.05mm,进给速度为 160mm/min
N60 G00 X20;	快速移动到倒角 X 起点
N70 G01 Z0 F160;	G01 移到倒角 Z 起点
N80 X23.8 Z−2;	倒角 C2。加工螺丝大径一般减少 0.15～0.2mm
N90 Z−23;	车削 φ23.8 外圆,长 23
N100 X25;	车端面至 φ25
N110 Z−39.91;	车 φ25 至 R10 圆弧的起点
N120 G02 X45 Z−49.91 R10;	加工圆弧

续表

加 工 程 序	程 序 说 明
N130 G01 X54;	倒角起点
N140 X58 Z−51.91;	倒角直径和长度加长 1mm,去除毛刺
N150 X60;	退刀
N160 M03 S1600;	精加工前改变主轴转速
N170 T0101;	重新执行 1 号刀补
N180 G00 X60 Z3;	回到循环定位起点
N190 G70 P60 Q150;	精加工
N200 M05;	停主轴
N210 M00;	程序暂停检查精度
N220 M03 S600;	设定加工螺纹主轴转速
N230 T0202;	调用 2 号外螺纹刀
N240 G00 X26 Z5;	加工螺纹前的定位
N250 G92 X23.2 Z−20 F1.5;	螺纹加工
N260 X22.7;	
N270 X22.2;	加工至螺纹小径
N280 X22.05;	
N290 G00 X100 Z100 M05;	退回安全换刀点,停主轴
N300 T0100;	换回 1 号刀并取消刀补号
N310 M30;	程序结束
%	程序结束符

三、车削综合性螺纹零件时产生废品的原因及预防措施

车削综合性螺纹零件时产生废品的原因及预防措施见表 6-1-4。

表 6-1-4　车削综合性螺纹零件时产生废品的原因及预防措施

问 题 现 象	产 生 的 原 因	预 防 措 施
外圆尺寸不符合精度要求	1. 毛坯余量不足; 2. 程序错误; 3. 测量错误; 4. 刀补错误	1. 检查毛坯; 2. 检查程序; 3. 正确测量; 4. 正确计算刀补差值
长度尺寸不符合精度要求	1. 程序错误; 2. 测量错误; 3. 公差计算错误	1. 检查程序; 2. 正确测量; 3. 正确计算
螺纹不符合精度要求	1. 程序错误; 2. 测量错误; 3. 螺纹计算错误; 4. 刀具角度和安装角度不正确	1. 检查程序; 2. 正确测量; 3. 正确计算螺纹的几何尺寸; 4. 检查螺纹车刀和正确安装螺纹车刀
表面粗糙度不符合要求	1. 切削用量选择不合理; 2. 工件或刀具的刚性较差; 3. 切削液选用不当或没用切削液	1. 正确选择合理的切削用量; 2. 合理装夹工件和刀具,确保其刚度; 3. 合理选用切削液

一、任务准备

(1) 零件图工艺分析,提出工艺措施。

(2) 确定刀具,将选定的刀具参数填入表 6-1-5,以便于编程和任务实施。

表 6-1-5 带有斜槽螺纹轴数控加工刀具卡

项目代号			零件名称		零件图号		
序号	刀具号	刀具规格名称	数量	加工表面	刀尖半径/mm	备 注
编制:		审核:		批准:			共 页

(3) 确定装夹方案和切削用量,根据被加工零件的技术要求、刀具材料、工件材料等,参考切削手册或有关参考书选取合适的切削速度、进给速度和背吃刀量,结合工艺措施,填写表 6-1-6。

表 6-1-6 带有斜槽螺纹轴数控加工工序卡

单位名称			项目代号	零件名称		零件图号	
工序号		程序编号	夹具名称	使用设备		车 间	
工步号	工步内容	刀具号	刀具规格/mm	主轴转速/(r/min)	进给速度/(mm/min)	背吃刀量/mm	备 注
编制:		审核:		批准:			共 页

情景链接,视频演示

(1) 如果不会操作加工时,可以看一看视频,视频演示可作为操作的示范。

(2) 如果不知道走刀顺序和编程,可以看一看视频,视频演示可作为编程的参考。

(3) 如果你不想看,那么,自己做完后,看一看视频演示中操作加工与你的操作加工有什么不同。

以上操作步骤视频，可以扫描二维码观看。

二、编写加工程序

根据前期的规划和图纸要求，自己编写加工程序，填写表 6-1-7。

表 6-1-7　带有斜槽螺纹轴数控加工程序表

编程零件图	走刀路线简图
技术要求： 1. 不允许使用砂布或锉刀修整表面； 2. 未注倒角C1，其余去毛刺； 3. 未标注公差按IT13级确定。	

加　工　程　序	程　序　说　明

续表

加 工 程 序	程 序 说 明

三、模拟加工

（1）开机,回参考点。

（2）编写并输入加工程序。

（3）启动模拟加工,检查程序。

在模拟加工时,检查加工程序是否正确,如有问题立即修改。

四、真实加工

（1）装夹工件和刀具。

（2）试切法对刀。

（3）单步加工无误后自动连续加工。

（4）测量,修改刀具磨损值,进行加工过程的质量控制。

（5）检测,合格后取下工件。

（6）工件调头车端面,检验合格后卸下工件。

（7）数控车床的维护、保养及场地的清扫。

任务评价

根据表6-1-8中各项指标,对带有斜槽螺纹轴加工情况进行评价。

表6-1-8　带有斜槽螺纹轴加工评价表

项目	指　标		分值	评价方式			备　注
				自测(评)	组测(评)	师测(评)	
零件检测	外圆	$\phi 44{-0.025 \atop -0.041}$	10				
		$\phi 56$	2				
		$\phi 25$	2				
	圆弧	$R10$	4				
		$R5$	4				
	长度	$100{-0.030 \atop -0.104}$	4				
		$40{+0.050 \atop +0.025}$	4				
		$10{-0.013 \atop -0.022}$	4				
		20、30、23	4				
	螺纹	$\phi 24$	3				
		M24×1.5	10				
		牙型角60°	2				
	沟槽	55°	3				
		$\phi 34$	2				
		3	2				
	表面粗糙度	$Ra1.6\mu m$(3处)	9				
		$Ra3.2\mu m$(6处)	6				
技能技巧	加工工艺(含倒角)		5				结合加工过程与加工结果,综合评价
	提前、准时、超时完成		5				
职业素养	场地和车床保洁		5				对照7S管理要求规范进行评定
	工量具定置管理		5				
	安全文明生产		5				
合计			100				
综合评价							

注:

1. 评分标准

零件检测:尺寸超差0.01mm,扣4分,扣完本尺寸分值为止;表面粗糙度每降一级,扣3分,扣完为止。

技能技巧和职业素养,根据现场情况,由老师和同学协商执行。

2. 测评者说明

自测:由自己测量和评价,有数据的把数据填入表中,并根据评分标准评分。

组测:由自己所在组的组长测量和评价,组长间相互测量和评价,组长把数据填入表中并评分。

师测:由教师测量和评价,教师把数据填入表中给予评分。

评分说明:如果学生自测时,测出数据偏差较大,建议师傅(或教师)从总得分里酌情扣除一定的分数(由师生共同协商而定)。

完成任务后,请同学们进行总结与反思,对本任务有何体会和感悟,填写表 6-1-9。

表 6-1-9 体会与感悟

最大的收获	
存在的问题	
改进的措施	

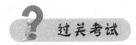

一、选择题

1. FANUC 数控车床系统中,G90 是( )指令。

    A. 增量编程   B. 圆柱或圆锥面车削循环

    C. 螺纹车削循环   D. 端面车削循环

2. G70 指令的程序格式为( )。

    A. G70 X Z;   B. G70 U R;

    C. G70 P Q U W;   D. G70 P Q;

3. 在 G71 P(ns) Q(nf) U(Δu) W(Δw) S500;程序格式中,( )表示 Z 轴方向上的精加工余量。

    A. Δu   B. Δw   C. ns   D. nf

4. 程序段 G73 P0035 Q0060 U4.0 W2.0 S500;中,W2.0 的含义是( )。

    A. Z 轴方向的精加工余量   B. X 轴方向的精加工余量

    C. X 轴方向的背吃刀量   D. Z 轴方向的退刀量

5. FANUC 系统车削一段起点坐标为(X40,Z$-$20)、终点坐标为(X50,Z$-$25)、半径为 5mm 的外圆凸圆弧面,正确的程序段是( )。

    A. G98 G02 X40 Z$-$20 R5 F80;   B. G98 G02 X50 Z$-$25 R5 F80;

    C. G98 G03 X40 Z$-$20 R5 F80;   D. G98 G03 X50 Z$-$25 R5 F80;

6. 以圆弧规测量工件凸圆弧,若仅两端接触,是因为工件的圆弧半径( )。

    A. 过大   B. 过小   C. 准确   D. 大、小不均匀

7. 在 FANUC 系统数控车床上，G92 指令是（   ）。

    A. 单一固定循环指令   B. 螺纹切削单一固定循环指令

    C. 端面切削单一固定循环指令   D. 建立工件坐标系指令

8. G76 指令中的 F 是指螺纹的（   ）。

    A. 大径   B. 小径   C. 螺距   D. 导程

9. 在 FANUC 系统中，用（   ）指令进行恒线速控制。

    A. G00 S   B. G96 S

    C. G00 F   D. G97 S

10. 在 G00 程序段中，（   ）值将不起作用。

    A. X   B. F   C. S   D. T

二、技能题

1. 加工阶台螺纹轴

阶台螺纹轴如图 6-1-4 所示。

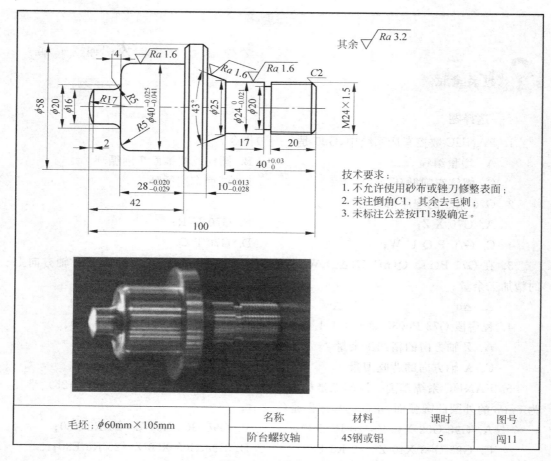

毛坯：$\phi60mm \times 105mm$	名称	材料	课时	图号
	阶台螺纹轴	45钢或铝	5	闯11

图 6-1-4   阶台螺纹轴

2. 加工评价

阶台螺纹轴的加工评价见表 6-1-10 所示。

表 6-1-10　阶台螺纹轴加工评价表

项目	指标		分值	评价方式			备注
				自测(评)	组测(评)	师测(评)	
零件检测	外圆	$\phi40^{-0.025}_{-0.041}$	8				
		$\phi24^{0}_{-0.021}$	8				
		$\phi16$、$\phi20$、$\phi58$、$\phi28$、$\phi25$、$\phi20$	6				
	圆弧	$R5(2$ 处$)$	8				
		$R17$	4				
	长度	$40^{+0.03}_{0}$	4				
		$28^{-0.020}_{-0.029}$	4				
		$10^{-0.013}_{-0.028}$	4				
		17、20、42、100	4				
	螺纹	$M24\times1.5$	10				
		牙型角$60°$	2				
		$\phi24$	2				
	表面粗糙度	$Ra1.6\mu m(3$ 处$)$	6				
		$Ra3.2\mu m(5$ 处$)$	5				
技能技巧	加工工艺(含倒角)		5				结合加工过程与加工结果,综合评价
	提前、准时、超时完成		5				
职业素养	场地和车床保洁		5				对照7S管理要求规范进行评定
	工量具定置管理		5				
	安全文明生产		5				
合计			100				
综合评价							

☆ 恭喜你完成、通过了第 1 个任务,并获得 30 个积分,继续加油,期待你闯过金领员工关第 2 个任务。

任务2　带有宽槽螺纹轴加工

任务描述

本任务是加工由 1 个宽槽、1 段凹圆弧面(过渡圆弧)、1 段凸圆弧面(过渡圆弧)、1 段螺纹面、4 段外圆柱面、2 个端面等组成的带有宽槽螺纹轴,如图 6-2-1 所示。这是在数控车床上加工的中等难度,并符合中级工技能考核要求的综合零件,按图所标注的尺寸和技术要求完成零件的车削,采用 $\phi60mm\times110mm$ 的圆棒为毛坯。

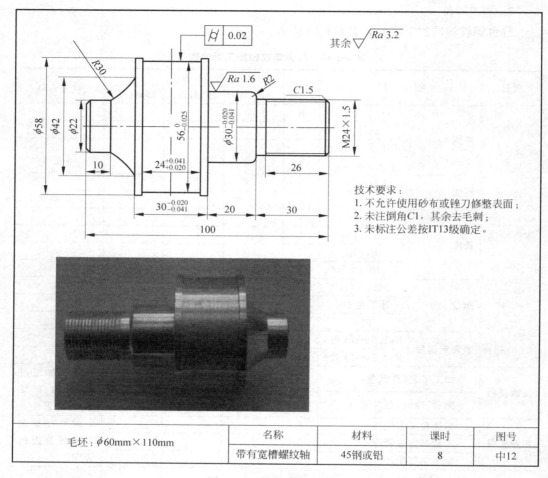

图 6-2-1 带有宽槽螺纹轴

毛坯：ϕ60mm×110mm	名称	材料	课时	图号
	带有宽槽螺纹轴	45钢或铝	8	中12

 任务目标

（1）根据综合零件特点进行工艺分析，包括刀具选择和安装、工件装夹定位等。

（2）能根据零件图纸，进行工艺分析，选择 G70、G71、G92 等指令进行程序编制。

（3）对螺纹轴独立完成加工路线设计和切削用量的选择。

（4）正确分析槽宽、槽底直径，制订工艺并加工。

（5）能对综合性零件进行质量分析。

 议一议

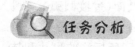 任务分析

对加工零件图 6-2-1 进行任务分析，填写表 6-2-1。

表 6-2-1 带有宽槽螺纹轴加工任务分析表

分析项目		分析结果
做什么	1. 结构主要特点	
	2. 尺寸精度要求	
	3. 毛坯特点	
	4. 其他技术要求	
怎么做	1. 需要什么量具	
	2. 需要什么夹具	
	3. 需要什么刀具	
	4. 需要什么编程知识	
	5. 需要什么工艺知识	
	6. 其他方面(注意事项)	
要完成这个任务	1. 最需要解决的问题是什么	
	2. 最难解决的问题是什么	

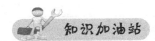

一、螺纹轴工艺分析

1. 结构分析

螺纹轴轮廓的结构形状并不复杂,但零件的精度要求较高,零件的结构主要有 $\phi 22$、$\phi 30$、$\phi 56$、$\phi 58$ 外圆、M24×1.5、一个 $R30$ 圆弧面、一个 $R2$ 圆角,在经济型数控车床上利用 90°外圆车刀、槽宽为 4mm 的切槽刀和普通三角螺纹刀就可以完成加工。

2. 精度分析

在数控车削加工中,零件重要的径向加工尺寸有: $\phi 22$、$\phi 30_{-0.041}^{-0.020}$ 外圆,最高精度为 IT7 级,有一个槽,宽度为 $24_{+0.020}^{+0.041}$、槽底直径为 $\phi 56_{-0.025}^{0}$,精度为 IT7 级,普通三角螺纹为 M24×1.5。零件的轴向尺寸应该以 M24×1.5 螺纹段的右端面为基准。

3. 零件装夹与定位基准分析

在数控粗、精加工中,采用一夹一顶的装夹方式,工件伸出卡盘长度为 90mm,先粗、精加工零件右端 $\phi 58$、$\phi 30_{-0.041}^{-0.020}$ 外圆,M24×1.5 普通三角螺纹,槽底直径为 $\phi 56_{-0.041}^{-0.02}$、宽度为 $24_{+0.020}^{+0.041}$ 的槽,然后调头夹持 $\phi 30$ 外圆表面,$\phi 58$ 端面与卡盘右端面平齐,夹紧后加工工件左端部分: $\phi 22$ 外圆和 $R30$ 圆弧,并保证工件总长。

4. 加工刀具的选用

由图 6-2-1 可知,在该零件的数控车削加工中,为保证零件加工轨迹的连续性,外圆加工使用主偏角 $\kappa_r=90°$,$\kappa_r'=57°$,刀尖圆弧半径 $R0.2$mm 外圆精车车刀,螺纹加工使用 60°普通三角螺纹车刀,零件切槽加工使用刀宽 B 为 4mm 切槽车刀,就可满足加工要求。

二、典型轴类零件加工实例

加工表 6-2-2 中图示的零件，其编程见表 6-2-2。

表 6-2-2　典型轴类零件加工实例

编程实例图	刀具及切削用量表			
	刀具	T0101 90°外圆 正偏刀	T0202 4mm 切断刀	T0303 三角螺纹刀
	主轴转速 S	1000r/min	500r/min	500r/min
	进给量 F	100mm/min	≤40mm/min	2mm
	背吃刀量 a_p	<2mm	≤4mm	≤1mm

左端加工程序	程序说明
O2018；	程序名
N10 T0101 M03 S500；	主轴正转 500r/min
N20 G00 X100 Z100；	调 1 号刀具，并执行 1 号刀补
N30 X47 Z2；	刀具移动到起始点，刀具接近工件
N40 G71 U1 R0.5；	轴向粗加工复合固定循环
N50 G71 P60 Q140 U0.5 W0 F150；	
N60 G0 X28；	
N70 G01 Z0 F50；	
N80 X30 Z−1；	
N90 Z−24；	
N100 X26 W−1；	分层切削，背吃刀量为 1 mm
N110 X41；	
N120 X43 W−1；	
N130 Z−40；	
N140 X44；	
N150 G00 X100 Z100 M05；	快速定位到安全换刀点、主轴停
N160 T0101 M03 S1000；	换 2 号刀具，主轴正转 1000r/min
N170 G0 X47 Z3；	快速定位
N180 G70 P60 Q140；	精加工
N190 G00 X100 Z100 M05；	快速定位到安全换刀点
N200 M00；	程序暂停
N210 T0202 M03 S500；	换 2 号刀具，主轴正转 500r/min
N220 G00 X47 Z−15；	刀具接近工件，Z 轴定位（考虑刀宽）
N230 G75 R0.5；	切槽复合固定循环
N240 G75 X24 Z−15 P3000 Q3000 F30；	
N250 G0 X100 Z100 M05；	快速定位到安全换刀点，主轴停止
N260 M30；	程序结束

续表

右端加工程序	程 序 说 明
O0002;	程序名
N270 T0101 M03 S500;	主轴正转 500r/min
N280 G00 X100 Z100;	调 1 号刀具,并执行 1 号刀补
N290 X47 Z2;	刀具移动到起始点,刀具接近工件
N300 G71 U1 R0.5;	轴向粗加工复合固定循环
N310 G71 P320 Q420 U0.5 W0 F150;	
N320 G0 X22;	
N330 G01 Z0 F50;	
N340 X23.8 Z−1;	
N350 Z−15;	
N360 X26;	
N370 Z−25;	分层切削,背吃刀量为 1mm
N380 X31.2;	
N390 X36 W−24;	
N400 X41;	
N410 X43 W−1;	
N420 X44;	
N430 G00 X100 Z100 M05;	快速定位到安全换刀点、主轴停
N440 T0101 M03 S1500;	主轴正转 1500r/min
N450 G0 X47 Z3;	刀具移动到起始点,刀具接近工件
N460 G70 P320 Q420;	精加工
N470 G00 X100 Z100 M05;	快速定位到安全换刀点、主轴停
N480 M00;	程序暂停
N490 T0202 M03 S500;	换 2 号刀具,主轴正转 500r/min
N500 G00 X28 Z−14;	刀具接近工件,Z 轴定位(考虑刀宽)
N510 G75 R0.5;	切槽复合固定循环
N520 G75 X20 Z−14 P3000 Q3000 F30;	
N530 G0 X100 Z100 M05;	快速定位到安全换刀点、主轴停止
N540 M00;	程序暂停
N550 T0303 S500 M3;	换 3 号刀具,主轴正转 500r/min
N560 G0 X25 Z3;	刀具移动到起始点
N570 G92 X23.1 Z−12 F2;	
N580 X22.5;	
N590 X21.9;	螺纹复合固定循环
N600 X21.5;	
N610 X21.4;	
N620 G0 X100 Z100 M05;	退刀至安全位置点,主轴停止
N630 M30;	程序结束并返回程序头
%	程序结束符

三、车削综合性螺纹零件时出现的问题及其产生原因和预防措施

车削综合性螺纹零件时出现的其他问题及其产生原因和预防措施见表 6-2-3。

表 6-2-3　车削综合性螺纹零件时出现的问题及其产生的原因和预防措施

问 题 现 象	产 生 的 原 因	预 防 措 施
工件表面出现接痕，同轴度没有达到要求	1. 工件二次装夹位置不合理； 2. 工件掉头装夹不正确	1. 正确设置二次装夹位置； 2. 调头装夹时进行工件找正
车螺纹过程中出现扎刀现象，造成刀具断裂	1. 切深过大； 2. 刀具不锋利； 3. 切削用量选择不当	1. 减小切深； 2. 更换新刀具； 3. 合理选用切削用量
工件装夹时出现夹痕	1. 夹紧力太大； 2. 卡爪磨损	1. 采用适当夹紧力； 2. 更换卡爪，或采用开口套筒、铜片

一、任务准备

（1）零件图工艺分析，提出工艺措施。

（2）确定刀具，将所定的刀具参数填入表 6-2-4，以便于编程和任务实施。

表 6-2-4　带有宽槽螺纹轴零件数控加工刀具卡

项目代号			零件名称		零件图号	
序号	刀具号	刀具规格名称	数量	加工表面	刀尖半径/mm	备　注
编制：		审核：		批准：		共　　页

（3）确定装夹方案和切削用量，根据被加工零件的技术要求、刀具材料、工件材料等，参考切削手册或有关参考书选取合适的切削速度、进给速度和背吃刀量，结合工艺措施，填写表 6-2-5。

表 6-2-5　带有宽槽螺纹轴数控加工工序卡

单位名称		项目代号		零件名称		零件图号	
工序号		程序编号	夹具名称		使用设备		车　间
工步号	工步内容	刀具号	刀具规格/mm	主轴转速/(r/min)	进给速度/(mm/min)	背吃刀量/mm	备　注

续表

工步号	工步内容	刀具号	刀具规格/mm	主轴转速/(r/min)	进给速度/(mm/min)	背吃刀量/mm	备　注

编制:	审核:	批准:	共　页

 情景链接,视频演示

(1) 如果不会操作加工时,可以看一看视频,视频演示可作为操作的示范。

(2) 如果不知道走刀顺序和编程,可以看一看视频,视频演示可作为编程的参考。

(3) 如果你不想看,那么,自己做完后,看一看视频演示中操作加工与你的操作加工有什么不同。

以上操作步骤视频,可以扫描二维码观看。

二、编写加工程序

根据前期的规划和图纸要求编写加工程序,填写表 6-2-6。

表 6-2-6 带有宽槽螺纹轴数控加工程序表

编程零件图	走刀路线简图
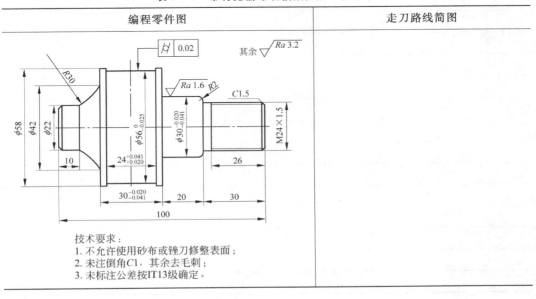	

技术要求:
1. 不允许使用砂布或锉刀修整表面;
2. 未注倒角C1,其余去毛刺;
3. 未标注公差按IT13级确定。

续表

加 工 程 序	程 序 说 明

续表

加 工 程 序	程 序 说 明

三、模拟加工

（1）开机，回参考点。

（2）编写并输入加工程序。

（3）启动模拟加工，检查程序。在模拟加工时，检查加工程序是否正确，如有问题立即修改。

（4）添加磨损值。

四、真实加工

（1）一夹一顶装夹工件，安装刀具。

（2）试切法对刀。

（3）单步加工无误后自动连续加工。

（4）测量，修改刀具磨损值，进行加工过程的质量控制。

（5）检测，合格后取下工件。

（6）工件调头车端面，检验合格后卸下工件。

（7）数控车床的维护、保养及场地的清扫。

评一评

任务评价

根据表 6-2-7 中各项指标，对带有宽槽螺纹轴加工情况进行评价。

表 6-2-7 带有宽槽螺纹轴加工评价表

项 目	指 标		分值	评 价 方 式			备 注
				自测(评)	组测(评)	师测(评)	
零件检测	外圆	$\phi56_{-0.025}^{0}$	8				
		$\phi30_{-0.041}^{-0.020}$	8				
		$\phi22$、$\phi42$、$\phi58$	6				
	圆弧	$R30$	3				
		$R2$	3				
	长度	$30_{-0.041}^{-0.020}$	5				
		$24_{+0.020}^{+0.041}$	5				
		100、20、30、26、10	5				
	螺纹	$M24\times1.5$	8				
		$\phi24$	1				
		牙型角60°	2				
	形位	⟋ 0.02	6				
	表面粗糙度	$Ra1.6\mu m$(1 处)	3				
		$Ra3.2\mu m$(6 处)	12				
技能技巧	加工工艺(含倒角)		5				结合加工过程与加工结果,综合评价
	提前、准时、超时完成		5				
职业素养	场地和车床保洁		5				对照 7S 管理要求规范进行评定
	工量具定置管理		5				
	安全文明生产		5				
合 计			100				
综合评价							

注:

1. 评分标准

零件检测:尺寸超差 0.01mm,扣 5 分,扣完本尺寸分值为止;表面粗糙度每降一级,扣 3 分,扣完为止。

技能技巧和职业素养,根据现场情况,由老师和同学协商执行。

2. 测评者说明

自测:由自己测量和评价,有数据的把数据填入表中,并根据评分标准评分。

组测:由自己所在组的组长测量和评价,组长间相互测量和评价,组长把数据填入表中并评分。

师测:由教师测量和评价,教师把数据填入表中给予评分。

评分说明:如果学生自测时,测出数据偏差较大,建议师傅(或教师)从总得分里酌情扣除一定的分数(由师生共同协商而定)。

 任务总结

完成任务后,请同学们进行总结与反思,对本任务有何体会和感悟,填写表6-2-8。

表 6-2-8　体会与感悟

最大的收获	
存在的问题	
改进的措施	

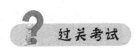

过关考试

一、选择题

1. 用三爪卡盘装夹零件,车削内孔出现锥度,其原因是(　　)。

　　A. 夹紧力太大,工件变形　　　　　　B. 刀具已经磨损

　　C. 工件没有找正　　　　　　　　　　D. 切削用量不当

2. 精车时为获得好的表面粗糙度,应首先选择较大的(　　)。

　　A. 背吃刀量　　　　B. 进给速度　　　　C. 切削速度　　　　D. 三者均不对

3. 螺纹有五个基本要素,它们是(　　)。

　　A. 牙型、公称直径、螺距、线数和旋向　　B. 牙型、公称直径、螺距、旋向和旋合长度

　　C. 牙型、公称直径、螺距、导程和线数　　D. 牙型、公称直径、螺距、线数和旋合长度

4. 螺纹标记 M24×1.5-5g6g,5g 表示中径公等级为(　　),基本偏差的位置代号为(　　)。

　　A. g,6 级　　　　B. g,5 级　　　　C. 6 级,g　　　　D. 5 级,g

5. 在螺纹加工时应考虑升速段和降速段造成的(　　)误差。

　　A. 长度　　　　　B. 直径　　　　　C. 牙型角　　　　D. 螺距

6. 车削螺纹时,车刀的径向前角应取(　　)才能车出正确的牙型角。

　　A. −15°　　　　　B. −10°　　　　　C. 5°　　　　　D. 0

7. 安装螺纹车刀时,刀尖应(　　)工件中心。

　　A. 低于　　　　　　　　　　　　　　B. 等于

　　C. 高于　　　　　　　　　　　　　　D. 低于、等于、高于都可以

8. 车削 M30×2 的双线螺纹时,F 功能字应代入(　　)mm 编程加工。

　　A. 2　　　　　　B. 4　　　　　　C. 6　　　　　　D. 8

9. 同轴度的公差带是(　　)。

　　A. 直径差为公差值 t,且与基准轴线同轴的圆柱面内的区域

   B. 直径为公差值 t, 且与基准轴线同轴的圆柱面内的区域

   C. 直径差为公差值 t 的圆柱面内的区域

   D. 直径为公差值 t 的圆柱面内的区域

10. 用卡盘装夹悬臂较长的轴, 容易产生( )误差。

   A. 圆度   B. 圆柱度   C. 同轴度   D. 垂直

二、填空题

图 6-2-2 所示密封螺纹轴的加工顺序为 _____。

① 车端面   ② 车外圆   ③ 装夹工件

④ 拆卸工件, 质量检查   ⑤ 切槽   ⑥ 车螺纹

三、技能题

1. 加工密封螺纹轴

密封螺纹轴如图 6-2-2 所示。

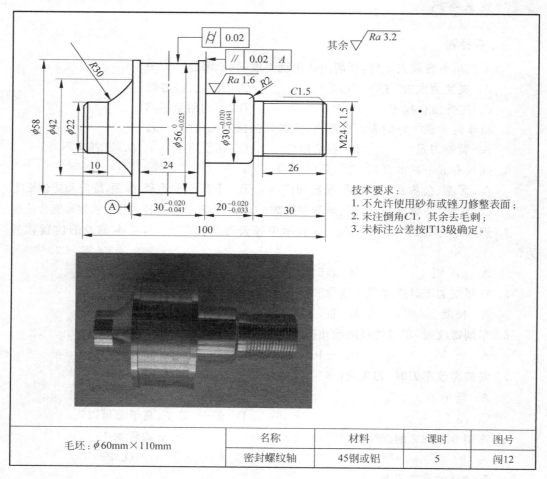

图 6-2-2 密封螺纹轴

2. 加工评价

密封螺纹轴的加工评价见表6-2-9。

表6-2-9　密封螺纹轴加工评价

项目	指　　标		分值	评　价　方　式			备　　注
				自测（评）	组测（评）	师测（评）	
零件检测	外圆	$\phi 56_{-0.025}^{0}$	8				
		$\phi 30_{-0.041}^{-0.020}$	8				
		$\phi 22$、$\phi 42$、$\phi 58$	6				
	圆弧	$R30$、$R2$	4				
	长度	$30_{-0.041}^{-0.020}$	6				
		$20_{-0.033}^{-0.020}$	6				
		100、24、30、26、10	5				
	螺纹	M24×1.5	8				
		$\phi 24$	2				
		牙型角60°	2				
	形位	⌀ 0.02	3				
		∥ 0.02 A	3				
	表面粗糙度	$Ra1.6\mu m$（1处）	2				
		$Ra3.2\mu m$（6处）	12				
技能技巧	加工工艺（含倒角）		5				结合加工过程与加工结果，综合评价
	提前、准时、超时完成		5				
职业素养	场地和车床保洁		5				对照7S管理要求规范进行评定
	工量具定置管理		5				
	安全文明生产		5				
合计			100				
综合评价							

☆恭喜你完成、通过了第2个任务，并获得60个积分，继续加油，期待你闯过金领员工关第3个任务。

任务3　带有曲面螺纹轴加工

任务描述

本任务是加工由2段凸圆弧面（过渡圆弧）、1段凹圆弧面（过渡圆弧）、3段外圆柱面、1段三角螺纹面、2段内圆柱面、1段内圆锥面、2个端面等组成的带有曲面螺纹轴，如图6-3-1所示，这是在数控车床上加工的难度中等，并符合中级工技能考核要求的综合零件，按图所标注的尺寸和技术要求完成零件的车削，采用 $\phi 50mm\times 130mm$ 的圆棒料为毛坯。

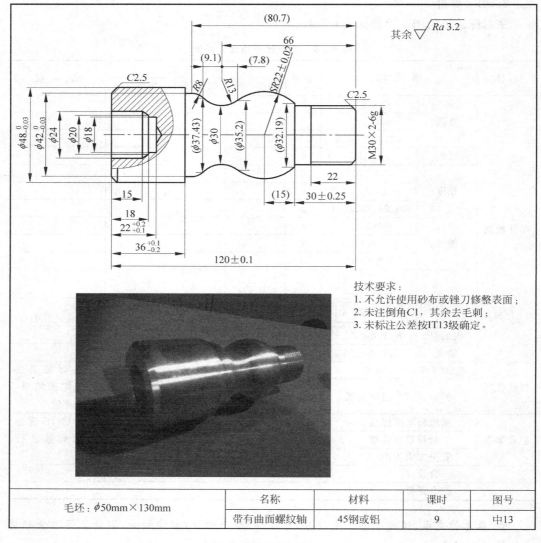

技术要求:
1. 不允许使用砂布或锉刀修整表面;
2. 未注倒角C1,其余去毛刺;
3. 未标注公差按IT13级确定。

	名称	材料	课时	图号
毛坯: $\phi50mm\times130mm$	带有曲面螺纹轴	45钢或铝	9	中13

图 6-3-1 带有曲面螺纹轴

 任务目标

（1）根据综合零件特点进行工艺分析,包括刀具选择和安装、工件装夹和定位等。

（2）能根据零件图纸,进行工艺分析,选择 G70、G73、G92 等指令进行程序编制。

（3）能够对带有曲面的螺纹轴独立完成加工路线设计、切削用量的选择。

（4）正确分析孔类零件加工工艺,并编制阶梯孔加工程序。

（5）能对综合性零件进行精度控制和误差分析。

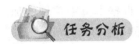

对加工零件图 6-3-1 进行任务分析,填写表 6-3-1。

表 6-3-1 带有曲面螺纹轴加工任务分析

分 析 项 目		分 析 结 果
做什么	1. 结构主要特点	
	2. 尺寸精度要求	
	3. 毛坯特点	
	4. 其他技术要求	
怎么做	1. 需要什么量具	
	2. 需要什么夹具	
	3. 需要什么刀具	
	4. 需要什么编程知识	
	5. 需要什么工艺知识	
	6. 其他方面(注意事项)	
要完成这个任务	1. 最需要解决的问题是什么	
	2. 最难解决的问题是什么	

一、任务零件的加工工艺分析

1. 零件图分析

由图 6-3-1 可知,零件由圆柱面、内孔、内圆锥面、圆弧面和螺纹等组成。零件车削加工成形轮廓的形状较复杂,需两头加工,零件的加工精度和表面质量要求都较高。

该零件重要的径向加工部位有 $\phi 42_{-0.03}^{\ 0}$ mm 圆柱段、$\phi 48_{-0.03}^{\ 0}$ mm 圆柱段、R8mm 圆弧、R13mm 圆弧与 SR22mm 圆弧相切过渡、$\phi 24$mm、$\phi 18$mm 的内孔、M30×2-6g 三角形外螺纹。零件符合数控加工尺寸标注要求,轮廓描述清楚完整,零件材料为 45 钢,毛坯为 $\phi 50$mm×130mm 棒料。

2. 切削用量的选择

数控编程时,编程人员必须确定每道工序的切削用量,并以指令的形式写入程序中。切削用量包括主轴转速、背吃刀量及进给速度等。对于不同的加工方法,需要选用不同的切削用量。切削用量的选择原则是:保证零件加工精度和表面粗糙度,充分发挥刀具切削性能,保证合理的刀具耐用度,并充分发挥机床的性能,最大限度提高生产率,降低成本。

（1）主轴转速的确定

主轴转速应根据允许的切削速度和工件（或刀具）直径来选择。根据本例中零件的加工要求，考虑工件材料为 45 钢，刀具材料为硬质合金钢，粗加工选择转速 500r/min，精加工选择 1500r/min 车削曲面外轮廓，考虑细牙螺纹切削力不大，采用 500r/min 来车螺纹，而内孔由于刚性较差，采用粗车 600r/min，比较容易达到加工要求。

（2）进给速度（进给量）的选择

进给速度是数控机床切削用量中的重要参数，主要根据零件的加工进度和表面粗糙度要求以及刀具、工件的材料性质选取。最大进给速度受机床刚度和进给系统的性能限制。一般粗车选用较高的进给速度，以便较快去除毛坯余量，精车以考虑表面粗糙和零件精度为原则，而选择较低的进给速度。

粗加工时，由于对工件的表面质量没有太高的要求，这时主要根据机床进给机构的强度和刚性、刀杆的强度和刚性、刀具材料、刀杆和工件尺寸以及已选定的背吃刀量等因素来选取进给速度。精加工时，则按表面粗糙度要求、刀具及工件材料等因素来选取进给速度。进给速度可以按公式 $v_f = f \times n$ 计算，式中 f 表示每转进给量，粗车时一般取 $0.2 \sim 0.3\text{mm/r}$；精车时常取 $0.1 \sim 0.3\text{mm/r}$；切断时常取 $0.05 \sim 0.2\text{mm/r}$。应选择较低的进给速度，得出表 6-3-2 的加工参数。

表 6-3-2　加工进给速度（参考值）

轮廓	粗　加　工	精　加　工
外圆	0.2min/r	0.08min/r
内孔	0.2min/r	0.08min/r
螺纹	2mm/r	

（3）背吃刀量的确定

背吃刀量根据机床、工件和刀具的刚度来决定，在刚度允许的条件下，应尽可能使背吃刀量等于工件的加工余量（除去精车量），这样可以减少走刀次数，提高生产效率。为了保证加工表面质量，可留少量精加工余量。背吃刀量见表 6-3-3。

表 6-3-3　加工背吃刀量（参考值）

轮廓	粗　加　工	精　加　工
外圆	1.5～2mm	0.2～0.5mm
内孔	1～1.5mm	0.1～0.5mm
螺纹	随进刀次数依次减少	

总之，切削用量的具体数值应根据机床性能、相关的手册并结合实际经验用类比方法确定。同时，使主轴转速、切削深度及进给速度三者能相互适应，以形成最佳切削用量。

3. 数值的计算

螺纹尺寸计算如下。

螺纹大径：$d = D \approx 30\text{mm}$

螺纹小径：

$$d_1 = D_1 = d - 1.3P = 30 - 1.3 \times 2 = 27.4 \,(\text{mm})$$

螺纹中径:

$$d_2 = D_2 = d - 0.6495P = 30 - 0.6495 \times 2 = 28.701 \,(\text{mm})$$

二、加工难点及处理方案

分析图纸可知,此零件对表面粗糙度的要求高,左端更有内轮廓加工,为提高零件加工质量,采用以下加工方案。

(1) 对图样上给定的几个精度要求较高的尺寸,编程时采用中间值。

(2) 在轮廓曲线上,有一处既跨象限又改变进给方向的轮廓曲线,因此在加工时应进行机械间隙补偿,以保证轮廓曲线的准确性。

(3) 零件精度较高,为保证其形位公差,应尽量一次装夹完成左端面的加工以保证其精度。

(4) 本设计图纸中的各平面和外轮廓表面的粗糙度要求可采用粗加工—精加工加工方案,并且在精加工时将进给量调小些,主轴转速提高。

(5) 螺纹加工时,为保证其精度,在精车时选择修改程序的方法,将螺纹的大径值减小 0.18~0.2mm,加工螺纹时利用螺纹千分尺或螺纹环规保证精度要求。

(6) 选择以上措施可保证尺寸、形状、精度和表面粗糙度。

三、带有曲面螺纹轴加工实例

加工表 6-3-4 中图示的零件,毛坯为 $\phi50\text{mm} \times 128\text{mm}$,其编程见表 6-3-4。

表 6-3-4　带有曲面螺纹轴加工实例

典型曲面轴零件编程实例图	刀具及切削用量表			
技术要求: 1.不允许使用砂布或锉刀修整表面; 2.未注倒角C1,其余去毛刺; 3.未标注公差按IT13级确定。	刀具	T0101 内孔刀	T0202 90°外圆刀 /35°尖刀	T0303 4mm 切断刀	T0404 (60°普通三角螺纹刀)
	S	800 r/min	500 r/min	600 r/min	500 r/min
	F	0.1 r/mm	≤0.1 r/mm	≤0.1 r/mm	2r/mm
	a_p	≤2mm	≤2mm	≤4mm	≤1mm

平左端面 3mm 的加工程序	程序说明
O2019;	程序名
N10 T0202 M03 S800;	使用 90°外圆刀,主轴正转,主轴转速 800r/min
N20 G00 X100 Z100 G40 G97 G99;	快速定位至换刀点,取消刀具圆弧补偿,使用恒转速和每转进给

续表

平左端面 3mm 的加工程序	程 序 说 明
N30 X52 Z2;	快速移动至循环点
N40 G94 X0 Z−1 F0.1;	切削端面
N50 Z−2;	
N60 Z−3;	
N70 G00 X100 Z100 M05;	退回换刀点、主轴暂停
N80 M0;	程序暂停（重新建立 Z 轴坐标）
车左端内孔的加工程序	**程 序 说 明**
N180 T0101 M03 S800;	换内孔车刀、主轴正转,转速 800r/min
N190 G00 X20 Z2;	快速移至循环起点
N200 G71 U1 R0.1	G71 粗车内径循环,切深为 1mm,退刀量 0.1mm
N210 G71 P220 Q270 U−0.5 W0 F0.1;	粗车 N220 至 N290,X 轴留精车余量 0.5mm,Z 轴精车余量为 0,粗车进给为 0.1mm/r
N220 G00 X30;	车削加工轮廓起始行,到倒角延长线
N230 G01 Z0 F0.1;	接触端面
N240 X25 Z−11;	车削内锥
N250 X23;	车削 φ23mm 的内圆柱
N260 Z−26;	
N270 X20;	车端面
N280 Z20;	退刀
N290 G00 X100 Z100 M05;	快速返回换刀点
N300 M00;	主轴暂停
N320 M03 S1200;	主轴正转,精车转速为 1200r/min
N330 G00 X20 Z2;	快速定位至安全起点
N340 G70 P220 Q270 F0.1;	精车全部加工面
N350 G00 X100 Z100 M05;	退刀至换刀点、主轴停止
N360 M00;	程序暂停
车左端外圆的加工程序	**程 序 说 明**
N370 T0202;	换 2 号 90°外圆刀
N380 M03 S800;	主轴正转,主轴转速 800r/min
N390 G00 X51 Z2;	快速移至循环起点
N400 G71 U1 R1;	每刀切深为 1mm,退刀量 1mm
N410 G71 P420 Q480 U0.5 W0 F0.1;	粗车 N420 至 N480,X 轴留精车余量 0.5mm,Z 轴精车余量为 0,粗车进给为 0.1mm/r
N420 G00 X32;	运行 X 轴至倒角起点处
N430 G01 Z0 F0.1;	运行
N440 X38 Z−2;	倒角 C2
N450 Z−35;	车 φ38mm 的外圆柱面
N460 X48;	车 φ48mm 的外圆柱面
N470 Z−46;	运行
N480 X50;	运行
N490 G00 X100 Z100 M05;	快速退回换刀点、主轴停止

续表

车左端外圆的加工程序	程 序 说 明
N500 M00；	程序暂停
N510 M03 S1000；	精车主轴正转，主轴转速 1000r/min
N520 G00 X51 Z2；	快速移至循环起点
N530 G70 P420 Q480 F0.1；	精车全部加工面
N540 G00 X100 Z100 M05；	快速退回换刀点、主轴停止
N550 M30；	程序结束并返回

车右端外圆的加工程序	程 序 说 明
O0002；	程序名
N160 T0202 M03 S800；	选用 2 号 35°尖刀，主轴正转，主轴转速 800r/min
N170 G00 G40 G97 G99 X100 Z100；	快速定位至换刀点
N180 G00 X51 Z3；	快速移动至循环起点
N190 G71 U1 R0.1；	每刀切深为 1mm，退刀量 0.1mm
N210 G71 P210 Q330 U0.5 W0 F0.1；	粗车 N230 至 N330，X 轴留精车余量 0.5mm，Z 轴精车余量为 0，粗车进给为 0.1mm/r
N215 G00 X0；	快速进刀
N220 G01 Z0 F0.1；	取总长
N230 X15.8；	
N240 X19.8 Z−2；	倒角
N250 Z−14；	车螺纹外表面 φ19.8mm
N260 X18.14 Z−18；	切削到圆弧起点
N270 G03 X29.71 Z−25.6 R6；	车 R6mm 圆弧
N280 G02 X38 Z−44 R20；	车 R20mm 圆弧
N290 G01 Z−52；	直线插补 φ38mm 的外圆柱面
N300 G03 X38 Z−72 R12.5；	车 R12.5mm 圆弧
N310 G01 X38 Z−72；	运行
N320 G01 X48 Z−80；	车 φ48mm 的外圆柱面
N330 X50；	运行
N340 G00 X100 Z100 M05；	快速退回换刀点
N350 M00；	暂停
N360 T0202 M03 S1200；	主轴正转，主轴转速 1200r/min
N370 G00 X51 Z2；	快速移动至循环起点
N380 G70 P210 Q330 F0.1；	精车外圆柱各部分
N390 G00 X100 Z100 M05；	快速退回换刀点、主轴停止
N400 M00；	程序暂停

切槽的加工程序	程 序 说 明
N410 T0303 M03 S600；	换三号切槽刀、主轴正转，主轴转速 600r/min
N420 G00 X22；	
N430 Z−18；	切 φ16mm 的槽
N430 G01 X16 F0.04；	
N440 G00 X100 F0.3	X 轴快速退刀

续表

切槽的加工程序	程 序 说 明
N450 Z100 M05;	Z轴快速退刀,主轴停止
N460 M00;	程序暂停

螺纹的加工程序	程 序 说 明
N470 T0303 M03 S500;	换三号螺纹刀、主轴正转,主轴转速500r/min
N480 G00 X21 Z2;	快速移动到螺纹循环起点
N490 G92 X19.2 Z—16 F2.0;	加工螺距为2mm的螺纹
N500 X18.8;	运行
N510 X18.5;	运行
N520 X18.2;	运行
N530 X17.9;	运行
N540 X17.6;	运行
N550 X17.4;	运行
N560 X17.4;	螺纹槽底光刀
N570 G00 X100 Z100 M05;	快速退回换刀点、主轴停止
N580 M30;	程序结束,并返回程序开头

四、车削带有曲面的综合零件时出现的问题及其产生原因和预防措施

车削带有曲面的综合零件时出现的问题及其产生原因和预防措施见表6-3-5。

表6-3-5　车削带有曲面的综合零件时出现的问题及其产生的原因和预防措施

问 题 现 象	产 生 的 原 因	预 防 措 施
切削过程中干涉	1. 刀具参数不正确; 2. 刀具安装不正确; 3. 走刀路线不正确; 4. 程序错误	1. 正确选择刀具参数; 2. 正确安装刀具; 3. 正确设计好走刀路线; 4. 检查程序
圆弧凹凸方向出错	程序错误	正确编制程序
圆弧尺寸不符合要求	1. 计算圆弧尺寸错误; 2. 测量错误; 3. 程序错误; 4. 刀具磨损; 5. 不正确使用刀尖圆弧半径补偿	1. 认真计算好圆弧尺寸; 2. 正确测量圆弧尺寸; 3. 检查程序; 4. 刃磨刀具或及时更换刀具; 5. 正确使用刀尖圆弧半径补偿
内孔长度尺寸出错	1. 刀具对刀不准确; 2. 程序出错	1. 正确对刀; 2. 修改程序
表面粗糙度值偏大	1. 切削速度太低; 2. 刀具主后角偏大; 3. 刀具磨损严重; 4. 切屑缠绕工件表面; 5. 切削液选择不合理	1. 选择较高的主轴转速; 2. 选择合适的刀具主后角; 3. 刀具刃磨或更换刀片; 4. 选择合理的进刀方式和选择合适的断屑槽车刀; 5. 正确选择切削液

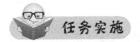任务实施

一、任务准备

(1) 零件图工艺分析,提出工艺措施。

(2) 确定刀具,将选定的刀具参数填入表 6-3-6,以便于编程和任务实施。

表 6-3-6 带有曲面螺纹轴数控加工刀具卡

项目代号			零件名称		零件图号	
序号	刀具号	刀具规格名称	数量	加工表面	刀尖半径/mm	备 注
编制:		审核:		批准:		共 页

(3) 确定装夹方案和切削用量,根据被加工零件的技术要求、刀具材料、工件材料等,参考切削手册或有关参考书选取合适的切削速度、进给速度和背吃刀量,结合工艺措施,填写表 6-3-7。

表 6-3-7 带有曲面螺纹轴数控加工工序卡

单位名称			项目代号	零件名称		零件图号	
工序号		程序编号	夹具名称	使用设备		车 间	
工步号	工步内容	刀具号	刀具规格/mm	主轴转速/(r/min)	进给速度/(mm/min)	背吃刀量/mm	备 注
编制:		审核:		批准:		共 页	

情景链接,视频演示

(1) 如果不会操作加工时,可以看一看视频,视频演示可作为操作的示范。

(2) 如果不知道走刀路线,可以看一看视频,视频演示可作为编程的参考。

（3）如果你不想看，那么，自己做完后，看一看视频演示中操作加工与你的操作加工有什么不同。

以上操作步骤视频，可以扫描二维码观看。

二、编写加工程序

根据前期的规划和图纸要求编写加工程序填入表 6-3-8。

表 6-3-8　带有曲面螺纹轴数控加工程序

编程零件图	走刀路线简图

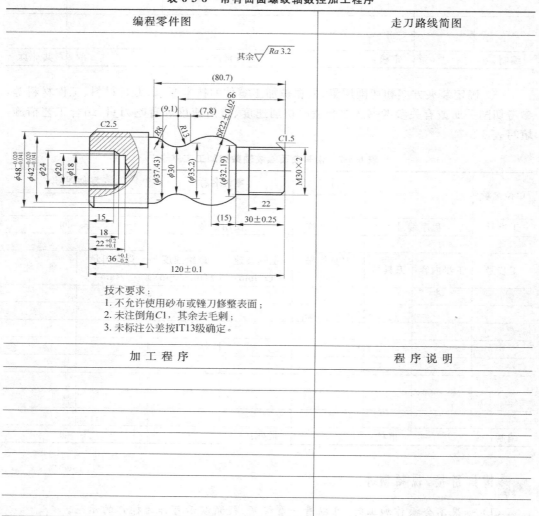

技术要求：
1. 不允许使用砂布或锉刀修整表面；
2. 未注倒角C1，其余去毛刺；
3. 未标注公差按IT13级确定。

加工程序	程序说明

续表

加 工 程 序	程 序 说 明

三、模拟加工

（1）开机，回参考点。

（2）编写并输入加工程序。

（3）启动模拟加工，检查程序。

在模拟加工时，检查加工程序是否正确，如有问题立即修改。

（4）添加磨损值。

四、真实加工

（1）一夹一顶装夹工件，安装刀具。

（2）试切法对刀。

（3）单步加工无误后自动连续加工。

（4）测量，修改刀具磨损值，进行加工过程的质量控制。

（5）检测，合格后取下工件。

（6）工件调头车端面，检验合格后卸下工件。

（7）数控车床的维护、保养及场地的清扫。

任务评价

根据表6-3-9中各项指标,对带有曲面螺纹轴加工情况进行评价。

表 6-3-9 带有曲面螺纹轴加工评价表

项目	指标		分值	评价方式			备注
				自测(评)	组测(评)	师测(评)	
零件检测	外圆	$\phi48^{-0.020}_{-0.041}$	6				
		$\phi42^{-0.020}_{-0.041}$	6				
		$\phi24$	3				
	圆弧	$SR22$	6				
		$R13$	3				
		$R8$	3				
	内孔	$\phi24$、$\phi18$	6				
		$\phi20$	2				
	长度	120 ± 0.1	4				
		$36^{+0.1}_{-0.2}$	4				
		30 ± 0.025	4				
		$22^{+0.2}_{+0.1}$	4				
		18、15、22、66	4				
	螺纹	$M30\times2$	8				
		牙型角60°	2				
	表面粗糙度	$Ra3.2\mu m$(10处)	10				
技能技巧	加工工艺(含倒角)		5				结合加工过程与加工结果,综合评价
	提前、准时、超时完成		5				
职业素养	场地和车床保洁		5				对照7S管理要求规范进行评定
	工量具定置管理		5				
	安全文明生产		5				
合计			100				
综合评价							

注:

1. 评分标准

零件检测:尺寸超差0.01mm,扣3分,扣完本尺寸分值为止;表面粗糙度每降一级,扣3分,扣完为止。

技能技巧和职业素养,根据现场情况,由老师和同学协商执行。

2. 测评者说明

自测:由自己测量和评价,有数据的把数据填入表中,并根据评分标准评分。

组测:由自己所在组的组长测量和评价,组长间相互测量和评价,组长把数据填入表中并评分。

师测:由教师测量和评价,教师把数据填入表中给予评分。

评分说明:如果学生自测时,测出数据偏差较大,建议师傅(或教师)从总得分里酌情扣除一定的分数(由师生共同协商而定)。

任务总结

完成任务后,请同学们进行总结与反思,对本任务有何体会和感悟,填写表 6-3-10。

表 6-3-10 体会与感悟

最大的收获	
存在的问题	
改进的措施	

过关考试

一、选择题

1. 在 M20×2-7g6g-40 中,7g 表示(   )公差带代号,6g 表示大径公差带代号。

   A. 大径   B. 小径   C. 中径   D. 多线螺纹

2. 偏刀一般是指主偏角(   )90°的车刀。

   A. 大于   B. 等于   C. 小于   D. 以上都不对

3. 圆弧加工指令 G02/G03 中 I、K 值用于设置(   )。

   A. 圆弧终点坐标   B. 圆弧起点坐标

   C. 圆心的位置   D. 起点相对于圆心位置

4. 在切削过程中,车刀主偏角 κ_r 增大,主切削力 F_z(   )。

   A. 增大   B. 不变   C. 减少   D. 为零

5. 刀具磨纯标准通常都按(   )的磨损值来制订。

   A. 月牙洼深度   B. 前面   C. 后面   D. 刀尖

6. 在高温下能够保持刀具材料切削性能的是(   )。

   A. 硬度   B. 耐热性   C. 耐磨性   D. 强度

7. 切削用量中对切削力影响最大的是(   )。

   A. 切削深度   B. 进给量   C. 切削速度   D. 影响相同

8. GSK980 数控系统中,前刀架顺/逆时针圆弧切削指令是(   )。

   A. G00/G01   B. G02/G03   C. G01/G00   D. G03/G02

9. GSK980 圆弧指令中的 I 表示圆心的坐标(   )。

   A. 在 X 轴上的相对坐标   B. 在 Z 轴上的相对坐标

C. 在 X 轴上的绝对坐标　　　　　　D. 在 Z 轴上的绝对坐标

10. 在车床上钻孔时,钻出的孔径偏大的主要原因是钻头的(　　)。

　　A. 后角太大　　　　　　　　　　　B. 两主切削刃长不等

　　C. 横刃太长　　　　　　　　　　　D. 前角不变

二、填空题

图 6-3-2 所示曲面孔螺纹零件的加工顺序为＿＿＿＿＿＿＿＿＿＿＿＿＿。

① 车端面　　　　　　　　② 车外圆　　　　　　　　③ 装夹工件

④ 拆卸工件,质量检查　　　⑤ 车内螺纹　　　　　　　⑥ 车内孔

⑦ 车外圆弧　　　　　　　⑧ 打中心孔　　　　　　　⑨ 钻孔

三、技能题

1. 加工曲面孔螺纹零件

曲面孔螺纹零件如图 6-3-2 所示。

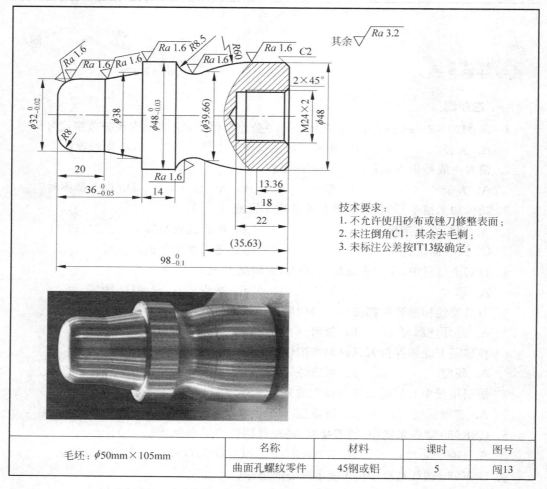

毛坯: $\phi50mm×105mm$	名称	材料	课时	图号
	曲面孔螺纹零件	45钢或铝	5	闯13

图 6-3-2　曲面孔螺纹零件

2. 加工评价

曲面孔螺纹零件的加工评价见表 6-3-11。

表 6-3-11 曲面孔螺纹零件加工评价表

项目	指 标		分值	评 价 方 式			备 注
				自测(评)	组测(评)	师测(评)	
零件检测	外圆	$\phi48_{-0.03}^{0}$	8				
		$\phi32_{-0.02}^{0}$	8				
		$\phi48$、$\phi38$	4				
	圆弧	$R60$	5				
		$R8.5$	5				
		$R8$	5				
	长度	$98_{-0.1}^{0}$	3				
		$36_{-0.05}^{0}$	3				
		22、20、18、14、13.36	6				
	螺纹	$M24\times2$	9				
		牙型角 $60°$	2				
		$\phi24$	2				
	表面粗糙度	$Ra1.6\mu m$(6 处)	12				
		$Ra3.2\mu m$(2 处)	3				
技能技巧	加工工艺(含倒角)		5				结合加工过程与加工结果，综合评价
	提前、准时、超时完成		5				
职业素养	场地和车床保洁		5				对照 7S 管理要求规范进行评定
	工量具定置管理		5				
	安全文明生产		5				
合计			100				
综合评价							

☺ 你完成、通过了 3 个任务,并获得了 100 个积分,恭喜你闯过金领员工关,你现在是技术员,你可以进入技术员关的学习了。

附录 1　常用 G 代码表

代码	意　义	格　式
G00	快速定位	G00 X __ Z;
G01	直线插补	G01 X __ Z __ F;
G02	圆弧插补 CW（顺时针）	|G 02| X __ Z __; |R __| F __;
G03	圆弧插补 CCW（逆时针）	|G 03| X __ Z __; |I __ K __| F __;
G04	暂停	G04 [X|U|P] X; U 单位：秒；P 单位：毫秒（整数）
G20	英制输入	
G21	米制输入	
G28	回归参考点	G28 X __ Z __;
G29	由参考点回归	G29 X __ Z __;
G32	螺纹切削（由参数指定绝对和增量）	G32 X(U) __ Z(W) __ F __; F：导程或螺距
G40	刀具补偿取消	G40;
G41	左半径补偿	G41/G42;
G42	右半径补偿	
G50		设定工件坐标系：G50 X Z; 偏移工件坐标系：G50 U W;
G53	机械坐标系选择	G53 X __ Z __;
G54	选择工作坐标系	G54;
G70	精加工循环	G70 P(Ns) Q(Nf);
G71	外园粗车循环	G71 UΔd Re; G71 Pns Qnf UΔu WΔw Ff;
G72	端面粗车循环	G72 W(Δd) R(e); G72 P(ns) Q(nf) U(Δu) W(Δw) F(f) S(s) T(t); Δd：切深量 e：退刀量 ns：精加工形状的程序段组的第一个程序段的顺序号 nf：精加工形状的程序段组的最后程序段的顺序号 Δu：X 方向精加工余量的距离及方向 Δw：Z 方向精加工余量的距离及方向
G73	封闭切削循环	G73 Ui WΔk Rd; G73 Pns Qnf UΔu WΔw Ff;

代码	意　义	格　式
G74	端面切断循环	G74 R(e)； G74 X(U)__ Z(W)__ P(Δi) Q(Δk) R(Δd) F(f)； e：返回量 Δi：X 方向的移动量 Δk：Z 方向的切深量 Δd：孔底的退刀量 f：进给速度
G75	内径/外径切断循环	G75 R(e)； G75 X(U)__ Z(W)__ P(Δi) Q(Δk) R(Δd) F(f)；
G76	复合形螺纹切削循环	G76 P(m) (r) (a) Q(Δdmin) R(d)； G76 X(u)__ Z(W)__ R(i) P(k) Q(Δd) F(l)； m：最终精加工重复次数为 1~99 r：螺纹的精加工量(倒角量) a：刀尖的角度(螺牙的角度)可选择 80、60、55、30、29、0 六个种类 m、r、a 用地址 P 同时指定，如 m=2、r=0、a=60°，表示为 P020060 Δdmin：最小切深 i：螺纹部分的半径差 k：螺牙的高度 Δd：第一次的切深量 l：螺纹导程
G90	直线车削循环加工	G90 X(U)__ Z(W)__ F __； G90 X(U)__ Z(W)__ R __ F __；
G92	螺纹车削循环	G92 X(U)__ Z(W)__ F __； G92 X(U)__ Z(W)__ R __ F __；
G94	端面车削循环	G94 X(U)__ Z(W)__ F __； G94 X(U)__ Z(W)__ R __ F __；
G98	每分钟进给速度	
G99	每转进给速度	

附录2 数控车工职业技能鉴定中级理论
知识模拟试卷(样卷)

一、单项选择题(第1～160题。选择一个正确的答案,将相应的字母填入题内的括号中。每题0.5分,满分80分。)

1. 道德是通过( )对一个人的品行发生极大的作用。
   A. 社会舆论　　　　　　　　　　　B. 国家强制执行
   C. 个人的影响　　　　　　　　　　D. 国家政策

2. 职业道德不体现( )。
   A. 从业者对所从事职业的态度　　　B. 从业者的工资收入
   C. 从业者的价值观　　　　　　　　D. 从业者的道德观

3. 提高职业道德修养的方法有学习职业道德知识、提高文化素养、提高精神境界和( )等。
   A. 加强舆论监督　　　　　　　　　B. 增强强制性
   C. 增强自律性　　　　　　　　　　D. 完善企业制度

4. 敬业就是以一种严肃认真的态度对待工作,下列不符合的是( )。
   A. 工作勤奋努力　　　　　　　　　B. 工作精益求精
   C. 工作以自我为中心　　　　　　　D. 工作尽心尽力

5. 国家标准的代号为( )。
   A. JB　　　　　　B. QB　　　　　　C. TB　　　　　　D. GB

6. 胡锦涛总书记提出的社会主义荣辱观的内容是( )。
   A. "八荣八耻"　　　　　　　　　　B. "立党为公,执政为民"
   C. "五讲四美三热爱"　　　　　　　D. "廉洁、文明、和谐"

7. 在交变应力循环作用下抵抗断裂的能力是钢的( )。
   A. 强度和塑性　　B. 韧性　　　　　C. 硬度　　　　　D. 疲劳强度

8. 碳的质量分数小于( )的铁碳合金称为碳素钢。
   A. 1.4%　　　　　B. 2.11%　　　　　C. 0.6%　　　　　D. 0.25%

9. 优质碳素结构钢的牌号由( )数字组成。
   A. 一位　　　　　B. 两位　　　　　C. 三位　　　　　D. 四位

10. 碳素工具钢的牌号由"T+数字"组成,其中T表示( )。
    A. 碳　　　　　　B. 钛　　　　　　C. 锰　　　　　　D. 硫

11. ( )断口呈灰白相间的麻点状,性能不好,极少应用。
    A. 白口铸铁　　　B. 灰口铸铁　　　C. 球墨铸铁　　　D. 麻口铸铁

12. 珠光体灰铸铁的组织是( )。
    A. 铁素体+片状石墨　　　　　　　B. 铁素体+球状石墨

C．铁素体＋珠光体＋片状石墨　　　　D．珠光体＋片状石墨

13．用于承受冲击、振动的零件如电动机机壳、齿轮箱等用(　　)牌号的球墨铸铁。

    A．QT400-18　　　B．QT600-3　　　C．QT700-2　　　D．QT800-2

14．铝合金按其成分和工艺特点不同可以分为变形铝合金和(　　)。

    A．不变形铝合金　　　　　　　　　B．非变形铝合金

    C．焊接铝合金　　　　　　　　　　D．铸造铝合金

15．数控机床按伺服系统可分为(　　)。

    A．开环、闭环、半闭环　　　　　　B．点位、点位直线、轮廓控制

    C．普通数控机床、加工中心　　　　D．二轴、三轴、多轴

16．数控机床有以下特点,其中不正确的是(　　)。

    A．具有充分的柔性　　　　　　　　B．能加工复杂形状的零件

    C．加工的零件精度高,质量稳定　　D．操作难度大

17．数控机床中数控系统的功能包括(　　)。

    A．插补运算功能　　　　　　　　　B．控制功能、编程功能、通信功能

    C．循环功能　　　　　　　　　　　D．刀具控制功能

18．液压传动是利用(　　)作为工作介质来进行能量传送的一种工作方式。

    A．油类　　　　　B．水　　　　　C．液体　　　　D．空气

19．数控机床同一润滑部位的润滑油应该(　　)。

    A．用同一牌号　　　　　　　　　　B．可混用

    C．使用不同型号　　　　　　　　　D．只要润滑效果好就行

20．三相异步电动机的过载系数一般为(　　)。

    A．1.1～1.25　　B．0.8～1.3　　C．1.8～2.5　　D．0.5～2.5

21．计算机应用最早的领域是(　　)。

    A．辅助设计　　　B．实时控制　　　C．信息处理　　　D．数值计算

22．车削的英文单词是(　　)。

    A．drilling　　　B．turning　　　C．milling　　　D．machine

23．弹簧在(　　)℃下中温回火,可获得较高的弹性和必要的韧性。

    A．50～100　　　　　　　　　　　B．150～200

    C．250～300　　　　　　　　　　　D．350～500

24．钢淬火的目的就是为了使它的组织全部或大部转变为(　　),获得高硬度,然后在适当温度下回火,使工件具有预期的性能。

    A．贝氏体　　　　B．马氏体　　　　C．渗碳体　　　　D．奥氏体

25．机械加工选择刀具时一般应优先采用(　　)。

    A．标准刀具　　　B．专用工具　　　C．复合刀具　　　D．都可以

26．在基面中测量的角度是(　　)。

    A．前角　　　　　B．刃倾角　　　　C．刀尖角　　　　D．楔角

27．数控车床中,刀具切削加工的主运动是(　　)。

    A．刀具纵向运动　　　　　　　　　B．刀具横向运动

　　C. 刀具纵向、横向的复合运动　　　　D. 主轴旋转运动

28. 主运动的速度最高,消耗功率( )。

　　A. 最小　　　　　B. 最大　　　　　C. 一般　　　　D. 不确定

29. 在批量生产中,一般以( )控制更换刀具的时间。

　　A. 刀具前面磨损程度　　　　　　　　B. 刀具后面磨损程度

　　C. 刀具的耐用度　　　　　　　　　　D. 刀具损坏程度

30. 刀具磨钝标准通常都按( )的磨损值来制订。

　　A. 月牙洼深度　　B. 前面　　　　　C. 后面　　　　D. 刀尖

31. 钨钴类硬质合金的刚性、可磨削性和导热性较好,一般用于切削( )和有色金属及其合金。

　　A. 碳钢　　　　　B. 工具钢　　　　　C. 合金钢　　　D. 铸铁

32. 一般钻头的材质是( )。

　　A. 高碳钢　　　　B. 高速钢　　　　　C. 高锰钢　　　D. 碳化物

33. 一般切削( )材料时,容易形成节状切屑。

　　A. 塑性　　　　　B. 中等硬度　　　　C. 脆性　　　　D. 高硬度

34. 冷却作用最好的切削液是( )。

　　A. 水溶液　　　　B. 乳化液　　　　　C. 切削油　　　D. 防锈剂

35. 普通卧式车床下列部件中( )是数控卧式车床所没有的。

　　A. 主轴箱　　　　B. 进给箱　　　　　C. 尾座　　　　D. 床身

36. 砂轮的硬度是指( )。

　　A. 砂轮的磨料、结合剂以及气孔之间的比例

　　B. 砂轮颗粒的硬度

　　C. 砂轮黏结剂的粘结牢固程度

　　D. 砂轮颗粒的尺寸

37. 普通车床加工中,丝杠的作用是( )。

　　A. 加工内孔　　　　　　　　　　　　B. 加工各种螺纹

　　C. 加工外圆、端面　　　　　　　　　D. 加工锥面

38. 卧式车床加工尺寸公差等级可达( )级,表面粗糙度 Ra 值可达 $1.6\mu m$。

　　A. IT9～IT8　　　B. IT8～IT7　　　C. IT7～IT6　　D. IT5～IT4

39. 下列因素中导致自激振动的是( )。

　　A. 转动着的工件不平衡

　　B. 机床传动机构存在问题

　　C. 切削层沿其厚度方向的硬化不均匀

　　D. 加工方法引起的振动

40. 违反安全操作规程的是( )。

　　A. 自己制订生产工艺　　　　　　　　B. 贯彻安全生产规章制度

　　C. 加强法制观念　　　　　　　　　　D. 执行国家安全生产的法令、规定

41. 下列关于创新的论述,正确的是( )。

A. 创新与继承根本树立　　　　　B. 创新就是独立自主

C. 创新是民族进步的灵魂　　　　D. 创新不需要引进国家外新技术

42. 不属于岗位质量措施与责任的是(　　)。

A. 明确上下工序之间对质量问题的处理权限

B. 明白企业的质量方针

C. 岗位工作要按工艺规程的规定进行

D. 明确岗位工作的质量标准

43. 国标中对图样中除角度以外的尺寸的标注已统一以(　　)为单位。

A. 厘米　　　　　B. 英寸　　　　　C. 毫米　　　　　D. 米

44. 三视图中,主视图和左视图应(　　)。

A. 长对正　　　　　　　　　　　B. 高平齐

C. 宽相等　　　　　　　　　　　D. 位在左(摆在主视图左边)

45. 左视图反映物体的(　　)的相对位置关系。

A. 上下和左右　　B. 前后和左右　　C. 前后和上下　　D. 左右和上下

46. 在形状公差中,符号"—"表示(　　)。

A. 高度　　　　　B. 面轮廓度　　　C. 透视度　　　　D. 直线度

47. 细长轴零件上的(　　)在零件图中的画法是用移出剖视表示。

A. 外圆　　　　　B. 螺纹　　　　　C. 锥度　　　　　D. 键槽

48. 识读装配图的步骤是先(　　)。

A. 识读标题栏　　B. 看视图配置　　C. 看标注尺寸　　D. 看技术要求

49. 下面说法不正确的是(　　)。

A. 进给量越大表面 Ra 值越大

B. 工件的装夹精度影响加工精度

C. 工件定位前须仔细清理工件和夹具定位部位

D. 通常精加工时的 F 值大于粗加工时的 F 值

50. 手动使用夹具装夹造成工件尺寸一致性差的主要原因是(　　)。

A. 夹具制造误差　　　　　　　　B. 夹紧力一致性差

C. 热变形　　　　　　　　　　　D. 工作余量不同

51. 选择粗基准时,重点考虑如何保证各加工表面(　　)。

A. 对刀方便　　　　　　　　　　B. 切削性能好

C. 进/退刀方便　　　　　　　　　D. 有足够的余量

52. 加工时用来确定工件在机床上或夹具中占有正确位置所使用的基准为(　　)。

A. 定位基准　　　B. 测量基准　　　C. 装配基准　　　D. 工艺基准

53. 根据功能不同,基准可以分为(　　)两大类。

A. 设计基准和工艺基准　　　　　B. 工序基准和定位基准

C. 测量基准和工序基准　　　　　D. 工序基准和装配基准

54. 在下列内容中,不属于工艺基准的是(　　)。

A. 定位基准　　　B. 测量基准　　　C. 装配基准　　　D. 设计基准

55. 选择加工表面的设计基准为定位基准的原则称为（　　）。

A. 基准重合　　　B. 自为基准　　　C. 基准统一　　　D. 互为基准

56. 定位套用于外圆定位,其中长套限制（　　）个自由度。

A. 6　　　　　　B. 4　　　　　　C. 3　　　　　　D. 8

57. 一个物体在空间如果不加任何约束限制,应有（　　）个自由度。

A. 三　　　　　　B. 四　　　　　　C. 六　　　　　　D. 八

58. 过定位是指定位时工件的同一（　　）被两个定位元件重复限制的定位状态。

A. 平面　　　　　B. 自由度　　　　C. 圆柱面　　　　D. 方向

59. 定位方式中（　　）不能保证加工精度。

A. 完全定位　　　　　　　　　B. 不完全定位

C. 欠定位　　　　　　　　　　D. 过定位

60. 刀具的选择主要取决于工件的外形结构、工件的材料、加工性能及（　　）等因素。

A. 加工设备　　　　　　　　　B. 加工余量

C. 尺寸精度　　　　　　　　　D. 表面的粗糙度要求

61. 修磨麻花钻横刃的目的是（　　）。

A. 减小横刃处前角　　　　　　B. 增加横刃强度

C. 增大横刃处前角、后角　　　D. 缩短横刃,降低钻削力

62. 有关程序结构,下面哪种叙述是正确的（　　）。

A. 程序由程序号、指令和地址符组成　　B. 地址符由指令字和字母数字组成

C. 程序段由顺序号、指令和 EOB 组成　　D. 指令由地址符和 EOB 组成

63. 程序段 N60 G01 X100 Z50;中 N60 是（　　）。

A. 程序段号　　　B. 功能字　　　C. 坐标字　　　D. 结束符

64. 刀具半径补偿功能为模态指令,数控系统初始状态是（　　）。

A. G41　　　　　　　　　　　B. G42

C. G40　　　　　　　　　　　D. 由操作者指定

65. F 功能是表示进给的速度功能,由字母 F 和其后面的（　　）来表示。

A. 单位　　　　　B. 数字　　　　C. 指令　　　　D. 字母

66. 数控车床主轴以 800r/min 转速正转时,其指令应是（　　）。

A. M03 S800　　　B. M04 S800　　　C. M05 S800　　　D. S800

67. （　　）指令表示撤销刀具偏置补偿。

A. T02D0　　　　B. T0211　　　　C. T0200　　　　D. T0002

68. 绝对坐标编程时,移动指令终点的坐标值 X、Z 都是以（　　）为基准来计算。

A. 工件坐标系原点　　　　　　B. 机床坐标系原点

C. 机床参考点　　　　　　　　D. 此程序段起点的坐标值

69. 当零件图尺寸为链连接(相对尺寸)标注时适宜用（　　）编程。

A. 绝对值编程　　　　　　　　B. 增量值编程

C. 两者混合　　　　　　　　　D. 先绝对值后相对值编程

70. G20 代码是(　　)制输入功能,它是 FANUC 数控车床系统的选择功能。

A. 英　　　　　　　B. 公　　　　　　　C. 米　　　　　　　D. 国际

71. G00 指令与(　　)指令不是同一组的。

A. G01　　　　　　B. G02　　　　　　C. G04　　　　　　D. G03

72. 暂停指令 G04 用于中断进给,中断时间的长短可以通过地址 X(U)或(　　)来指定。

A. T　　　　　　　B. P　　　　　　　C. O　　　　　　　D. V

73. 指令 G28 X100 Z50 中 X100 Z50 是指返回路线(　　)坐标值。

A. 参考点　　　　　B. 中间点　　　　　C. 起始点　　　　　D. 换刀点

74. 在偏置值设置 G55 栏中的数值是(　　)。

A. 工件坐标系的原点相对机床坐标系原点偏移值

B. 刀具的长度偏差值

C. 工件坐标系的原点

D. 工件坐标系相对对刀点的偏移值

75. FANUC 数控车床系统中 G90 是(　　)指令。

A. 增量编程　　　　　　　　　　B. 圆柱或圆锥面车削循环

C. 螺纹车削循环　　　　　　　　D. 端面车削循环

76. G70 指令的程序格式为(　　)。

A. G70 X Z;　　　　　　　　　B. G70 U R;

C. G70 P Q U W;　　　　　　　D. G70 P Q;

77. 在 G71 P(ns) Q(nf) U(△u) W(△w) S500;程序格式中,(　　)表示 Z 轴方向上的精加工余量。

A. △u　　　　　　B. △w　　　　　　C. ns　　　　　　D. nf

78. 辅助指令 M01 表示(　　)。

A. 选择停止　　　　B. 程序暂停　　　　C. 程序结束　　　　D. 主程序结束

79. 主程序结束,程序返回至开始状态,其指令为(　　)。

A. M00　　　　　　B. M02　　　　　　C. M05　　　　　　D. M30

80. 使主轴反转的指令是(　　)。

A. M90　　　　　　B. G01　　　　　　C. M04　　　　　　D. G91

81. FANUC 0i 数控系统中,在主程序中调用子程序 01010,其正确的指令是(　　)。

A. M99 01010　　　　　　　　　B. M98 01010

C. M99 P1010　　　　　　　　　D. M98 P1010

82. 圆弧插补的过程中数控系统把轨迹拆分成若干微小(　　)。

A. 直线段　　　　　B. 圆弧段　　　　　C. 斜线段　　　　　D. 非圆曲线段

83. G76 指令主要用于(　　)加工,以简化编程。

A. 切槽　　　　　　B. 钻孔　　　　　　C. 棒料　　　　　　D. 螺纹

84. 工作坐标系的原点称(　　)。

A. 机床原点　　　　B. 工作原点　　　　C. 坐标原点　　　　D. 初始原点

85. 由机床的挡块和行程开关决定的位置称为（   ）。

    A. 机床参考点   B. 机床坐标原点

    C. 机床换刀点   D. 编程原点

86. 在机床各坐标轴的终端设置有极限开关,由程序设置的极限称为（   ）。

    A. 硬极限   B. 软极限   C. 安全行程   D. 极限行程

87. 数控机床 Z 坐标轴规定为（   ）。

    A. 平行于主切削方向   B. 工作装夹面方向

    C. 各个主轴任选一个   D. 传递主切削动力的主轴轴线方向

88. 由直线和圆弧组成的平面轮廓,编程时数值计算的主要任务是求各（   ）坐标。

    A. 节点   B. 基点   C. 交点   D. 切点

89. 程序段 G73 P0035 Q0060 U4.0 W2.0 S500;中,W2.0 的含义是（   ）。

    A. Z 轴方向的精加工余量   B. X 轴方向的精加工余量

    C. X 轴方向的背吃刀量   D. Z 轴方向的退刀量

90. 数控车(FANUC 系统)的 G74 Z－120 Q10 F0.3;程序段中,（   ）表示 Z 轴方向上的间断走刀长度。

    A. 0.3   B. 10   C. －120   D. 74

91. 数控车床在加工中为了实现对车刀刀尖磨损量的补偿,可沿假设的刀尖方向,在刀尖半径值上,附加一个刀具偏移量,这称为（   ）。

    A. 刀具位置补偿   B. 刀具半径补偿

    C. 刀具长度补偿   D. 刀具磨损补偿

92. 在 G41 或 G42 指令的程序段中不能用（   ）指令。

    A. G00   B. G02 和 G03   C. G01   D. G90 和 G92

93. 采用 G50 设定坐标系之后,数控车床在运行程序时（   ）回参考点。

    A. 用   B. 不用

    C. 可以用也可以不用   D. 取决于机床制造厂的产品设计

94. G98/G99 指令为（   ）指令。

    A. 模态   B. 非模态

    C. 主轴   D. 指定编程方式的指令

95. AutoCAD 中设置点样式在（   ）菜单栏中。

    A. 格式   B. 修改   C. 绘图   D. 编程

96. 在 CRT/MDI 面板的功能键中,用于刀具偏置数设置的键是（   ）。

    A. POS   B. OFSET   C. PRGRM   D. ALARM

97. 手工建立新的程序时,必须最先输入的是（   ）。

    A. 程序段号   B. 刀具号   C. 程序名   D. G 代码

98. 将状态开关置于"MDI"位置时,表示（   ）数据输入状态。

    A. 机动   B. 手动   C. 自动   D. 联运

99. 操作面板上的 DELET 键的作用是（   ）。

    A. 删除   B. 复位   C. 输入   D. 启动

100. 数控车床 X 轴对刀时,试车后只能沿(　　)方向退刀。
    A. X 轴
    B. Z 轴
    C. X 轴、Z 轴都可以
    D. 先 X 轴再 Z 轴

101. 加工外圆直径 ϕ38.5mm,实测为 ϕ38.60mm,则在该刀具磨耗补偿对应位置输入(　　)mm 进行修调至尺寸要求。
    A. 0.1　　　　B. $-$0.1　　　　C. 0.2　　　　D. 0.5

102. 在(　　)操作方式下方可对机床参数进行修改。
    A. JOG　　　　B. MDI　　　　C. EDIT　　　　D. AUTO

103. 自动运行时,不执行段前带"/"的程序段需按下(　　)功能按键。
    A. 空运行　　　　B. 单段　　　　C. M01　　　　D. 跳步

104. 车细长轴时可用中心架和跟刀架来增加工件的(　　)。
    A. 硬度　　　　B. 韧性　　　　C. 长度　　　　D. 刚性

105. 用于传动的轴类零件,可使用(　　)为毛坯材料,以提高其机械性能。
    A. 铸件　　　　B. 锻件　　　　C. 管件　　　　D. 板料

106. 加工齿轮这样的盘盖类零件,在精车时应按照(　　)的加工原则安排加工顺序。
    A. 先外后内　　B. 先内后外　　C. 基准后行　　D. 先精后粗

107. 锥度标注形式是(　　)。
    A. 大端:小端
    B. 小端:大端
    C. 大端除以小端的值
    D. 小端/大端

108. 用一夹一顶或两顶尖装夹轴类零件时,如果后顶尖轴线与主轴轴线不重合,工件会产生(　　)误差。
    A. 圆度　　　　B. 跳动　　　　C. 圆柱度　　　　D. 同轴度

109. 用于批量生产的胀力心轴可用(　　)材料制成。
    A. 45 钢　　　　B. 60 钢　　　　C. 65Mn　　　　D. 铸铁

110. 工件材料的强度和硬度较高时,为了保证刀具有足够的强度,应取(　　)的后角。
    A. 较小　　　　B. 较大　　　　C. 0°　　　　D. 30°

111. 当选择的切削速度在(　　)m/min 时,最易产生积屑瘤。
    A. 0～15　　　　B. 15～30　　　　C. 50～80　　　　D. 150

112. FANUC 数控系统车床车削一段起点坐标为(X40,Z$-$20)、终点坐标为(X50,Z$-$25)、半径为 5mm 的外圆凸圆弧面,正确的程序段是(　　)。
    A. G98 G02 X40 Z$-$20 R5 F80;　　　　B. G98 G02 X50 Z$-$25 R5 F80;
    C. G98 G03 X40 Z$-$20 R5 F80;　　　　D. G98 G03 X50 Z$-$25 R5 F80;

113. 以圆弧规测量工件凸圆弧,若仅两端接触,是因为工件的圆弧半径(　　)。
    A. 过大　　　　B. 过小　　　　C. 准确　　　　D. 大、小不均匀

114. 首先应根据零件的(　　)精度,合理选择装夹方法。

A. 尺寸   B. 形状   C. 位置   D. 表面

115. 相邻两牙在（   ）线上对应两点之间的轴线距离,称为螺距。

     A. 大径   B. 中径   C. 小径   D. 中心

116. M24 粗牙螺纹的螺距是（   ）mm。

     A. 1   B. 2   C. 3   D. 4

117. 在螺纹加工时应考虑升速段和降速段造成的（   ）误差。

     A. 长度   B. 直径   C. 牙型角   D. 螺距

118. M20 粗牙螺纹的小径应车至（   ）mm。

     A. 16   B. 16.75   C. 17.29   D. 0

119. 车削螺纹时,车刀的径向前角应取（   ）才能车出正确的牙型角。

     A. $-15°$ B. $-10°$ C. $5°$ D. 0

120. 安装螺纹车刀时,刀尖应（   ）工件中心。

     A. 低于   B. 等于

     C. 高于   D. 低于、等于、高于都可以

121. 按经验公式 $n \leqslant 1800/P - K$ 计算,车削螺距为 3mm 的双线螺纹,转速应不大于（   ）r/min。

     A. 2000   B. 1000   C. 520   D. 220

122. 车削 M30×2 的双线螺纹时,F 功能字应代入（   ）mm 编程加工。

     A. 2   B. 4   C. 6   D. 8

123. 在 FANUC 数控系统车床上,G92 指令是（   ）。

     A. 单一固定循环指令   B. 螺纹切削单一固定循环指令

     C. 端面切削单一固定循环指令   D. 建立工件坐标系指令

124. G76 指令中的 F 是指螺纹的（   ）。

     A. 大径   B. 小径   C. 螺距   D. 导程

125. 用 $\phi1.73$mm 三针测量 M30×3 的中径,三针读数值为（   ）mm。

     A. 30   B. 30.644   C. 30.821   D. 31

126. 切断工件时,工件端面凸起或者凹下,原因可能是（   ）。

     A. 丝杠间隙过大   B. 切削进给速度过快

     C. 刀具已经磨损   D. 两副偏角过大且不对称

127. 由于切刀强度较差,选择切削用量时应适当（   ）。

     A. 减小   B. 等于   C. 增大   D. 很大

128. 切刀宽为 2mm,左刀尖为刀位点,要保持零件长度 50mm,则编程时 Z 方向应定位在（   ）mm 处割断工件。

     A. 50   B. 52   C. 48   D. 51

129. 编程加工内槽时,切槽前的切刀定位点的直径应比孔径尺寸（   ）。

     A. 小   B. 相等   C. 大   D. 无关

130. 加工锥度和直径较小的圆锥孔时,宜采用（   ）的方法。

     A. 钻孔后直接铰锥孔   B. 先钻再粗铰后精铰

     C. 先钻再粗车,再精铰　　　　　　　　　　D. 先铣孔再铰孔

131. 铰削一般钢材时,切削液通常选用(　　)。

     A. 水溶液　　　　　B. 煤油　　　　　　C. 乳化液　　　　　D. 极压乳化液

132. 钻头直径为 10mm,切削速度是 30m/min,主轴转速应该是(　　)r/min。

     A. 240　　　　　　　B. 1920　　　　　　C. 480　　　　　　D. 960

133. 镗孔时发生振动,首先应降低(　　)。

     A. 进给量　　　　　　　　　　　　　　　　B. 背吃量

     C. 切削速度　　　　　　　　　　　　　　　D. 进给量,背吃量,切削速度均不对

134. (　　)是一种以内孔为基准装夹达到相对位置精度的装夹方法。

     A. 一夹一顶　　　　B. 两顶尖　　　　　C. 平口钳　　　　　D. 心轴

135. 在 FANUC 0i 系统中,G73 指令第一行中 R 的含义是(　　)。

     A. X 向回退量　　　B. 维比　　　　　　C. Z 向回退量　　　D. 微动装置

136. 在(　　)上装有活动量爪,并装有游标和紧固螺钉的测量工具称为游标卡尺。

     A. 尺框　　　　　　　B. 尺身　　　　　　C. 尺头　　　　　　D. 微动装置

137. 千分尺微分筒上均匀刻有(　　)格。

     A. 50　　　　　　　　B. 100　　　　　　C. 150　　　　　　D. 200

138. 使用深度千分尺测量时,不需要做(　　)。

     A. 清洁底板测量面、工件的被测量面

     B. 测量杆中心轴线与被测工件测量面保持垂直

     C. 去除测量部位毛刺

     D. 抛光测量面

139. 外径千分尺在使用时操作正确的是(　　)。

     A. 猛力转动测力装置

     B. 旋转微分筒使测量表面与工件接触

     C. 退尺时要旋转测力装置

     D. 不允许测量带有毛刺的边缘表面

140. 一般用于检验配合精度要求较高的圆锥工件的是(　　)。

     A. 角度样板

     B. 游标万能角尺度

     C. 圆锥量规涂色

     D. 角度样板,游标万能角尺度,圆锥量规涂色都可以

141. 用一套 46 块的量块,组合 95.552 的尺寸,其量块的选择为 1.002、(　　)、1.5、2、90 共五块。

     A. 1.005　　　　　　B. 20.5　　　　　　C. 2.005　　　　　D. 1.05

142. 关于尺寸公差,下列说法正确的是(　　)。

     A. 尺寸公差只能大于零,故公差值前应标"＋"号

     B. 尺寸公差是用绝对值定义的,没有正、负的含义,故公差值前不应标"＋"号

     C. 尺寸公差不能为负值,但可以为零

D. 尺寸公差为允许尺寸变动范围的界限值

143. 下列配合中,公差等级选择不适当的为(　　　)。

    A. H7/g6　　　　　　B. H9/g9　　　　　　C. H7/f8　　　　　　D. M8/h8

144. 机械制造中优先选用的孔公差带为(　　　)。

    A. H7　　　　　　　B. h7　　　　　　　C. D2　　　　　　　D. H2

145. 未注公差尺寸应用范围是(　　　)。

    A. 长度尺寸

    B. 工序尺寸

    C. 用于组装后经过加工所形成的尺寸

    D. 长度尺寸,工序尺寸,用于组装后经过加工所形成的尺寸都适用

146. 最小实体尺寸是(　　　)。

    A. 测量得到的　　　B. 设计给定的　　　C. 加工形成的　　　D. 计算所出的

147. 孔的基本偏差的字母代表含义为(　　　)。

    A. 从 A 到 H 为上偏差,其余为下偏差

    B. 从 A 到 H 为下偏差,其余为上偏差

    C. 全部为上偏差

    D. 全部为下偏差

148. 在基准制的选择中应优先选用(　　　)。

    A. 基孔制　　　　　B. 基轴制　　　　　C. 混合制　　　　　D. 配合制

149. 以下精度公差中,不属于形状公差的是(　　　)。

    A. 同轴度　　　　　B. 圆柱度　　　　　C. 平面度　　　　　D. 圆度

150. 零件几何要素按存在的状态分为实际要素和(　　　)。

    A. 轮廓要素　　　　B. 被测要素　　　　C. 理想要素　　　　D. 基准要素

151. 主轴在转动时若有一定的径向圆跳动,则工件加工后会产生(　　　)的误差。

    A. 垂直度　　　　　B. 同轴度　　　　　C. 斜度　　　　　　D. 粗糙度

152. 机械加工表面质量中表面层的几何形状特征不包括(　　　)。

    A. 表面加工纹理　　　　　　　　　B. 表面波度

    C. 表面粗糙度　　　　　　　　　　D. 表面层的残余应力

153. 数控机床较长期闲置时最重要的是对机床定时(　　　)。

    A. 清洁除尘　　　　　　　　　　　B. 加注润滑油

    C. 给系统通电防潮　　　　　　　　D. 更换电池

154. 数控机床的日常维护与保养一般情况下应由(　　　)来进行。

    A. 车间领导　　　　　　　　　　　B. 操作人员

    C. 后勤管理人员　　　　　　　　　D. 勤杂人员

155. 数控机床开机应空运转约(　　　)min,使机床达到热平衡状态。

    A. 15　　　　　　　B. 30　　　　　　　C. 45　　　　　　　D. 60

156. 因操作不当和电磁干扰引起的故障属于(　　　)。

    A. 机械故障　　　　B. 强电故障　　　　C. 硬件故障　　　　D. 软件故障

157. 通过观察故障发生时的各种光、声、味等异常现象,将故障诊断的范围缩小的方法称为(　　)。

    A. 直观法　　　　　B. 交换法　　　　　C. 测量比较法　　　　D. 隔离法

158. 数控机床的条件信息指示灯 EMERGENCY STOP 亮时,说明(　　)。

    A. 按下急停按钮　　　　　　　　B. 主轴可以运转

    C. 回参考点　　　　　　　　　　D. 操作错误且未消除

159. 框式水平仪主要应用于检验各种机床及其他类型设备导轨的直线度和设备安装的水平位置、垂直位置。在数控机床水平时通常需要(　　)块水平仪。

    A. 2　　　　　　　　B. 3　　　　　　　　C. 4　　　　　　　　D. 5

160. (　　)常用于振动较大或质量为 $10\sim15t$ 的中小型机床的安装。

    A. 斜垫铁　　　　　B. 开口垫铁　　　　C. 钩头垫铁　　　　D. 等高铁

二、判断题(第 161~200 题。将判断结果填入括号中。正确的填"√",错误的填"×"。每题 0.5 分,满分 20 分。)

161. (　　)企业的发展与企业文化无关。

162. (　　)"以遵纪守法为荣、以违法乱纪为耻"实质是把遵纪守法看成现代公民的基本道德守则。

163. (　　)职业用语要求:语言自然、语气亲切、语调柔和、语速适中、语言简练、语意明确。

164. (　　)团队精神能激发职工更大的能量,发掘更大的潜能。

165. (　　)碳素工具钢主要用于制造刃具、模具、量具等。

166. (　　)正火主要用于消除过共析钢中的网状二次渗碳体。

167. (　　)平锉刀的两个侧面均不是工作面。

168. (　　)实行清污分流,工业废水尽量处理掉。

169. (　　)机械制图中标注绘图比例为 2∶1,表示所绘制图形是放大的图形,其绘制的尺寸是零件实物尺寸的 2 倍。

170. (　　)省略一切标注的剖视图,说明它的剖切平面不通过机件的对称平面。

171. (　　)同一工件,无论用数控机床加工还是用普通机床加工,其工序都一样。

172. (　　)由于数控机床加工零件的过程是自动的,所以选择毛坯余量时,要考虑足够的余量和余量均匀。

173. (　　)合理划分加工阶段,有利于合理利用设备并提高生产率。

174. (　　)零件轮廓的精加工应尽量一刀连续加工而成。

175. (　　)粗加工时,限制进给量的主要因素是切削力,精加工时,限制进给量的主要因素是表面粗糙度。

176. (　　)在三爪卡盘上装夹大直径工件时,应尽量使用正爪卡盘。

177. (　　)夹紧力的作用点应远离工件加工表面,这样才便于加工。

178. (　　)机夹可转位车刀不用刃磨,有利于涂层刀片的推广使用。

179. (　　)YT 类硬质合金比 YG 类的耐磨性好,但脆性大,不耐冲击,常用于加工塑性好的钢材。

180. （   ）非模态码只在指令它的程序段中有效。

181. （   ）G02 和 G03 判别方向的方法是：沿着不在圆弧平面内的坐标轴从正方向向负方向看去，刀具顺时针方向运动为 G02，逆时针方向运动为 G03。

182. （   ）逐点比较法直线插补中，当刀具切削点在直线上或其上方时，应向＋X 轴方向发一个脉冲，使刀具向＋X 轴方向移动一步。

183. （   ）使用 Windows 2007 中文操作系统，既可以用鼠标进行操作，也可以使用键盘上的快捷键进行操作。

184. （   ）AutoCAD 的图标菜单栏可以定制，可以删除，也可以增加。

185. （   ）AutoCAD 只能绘制二维图形。

186. （   ）在刀尖圆弧补偿中，刀尖方向不同且刀尖方位号也不同。

187. （   ）系统操作面板上单段功能生效时，每按一次循环启动键只执行一个程序段。

188. （   ）用锥度塞规检查内锥孔时，如果大端接触而小端未接触，说明内锥孔锥角过大。

189. （   ）用螺纹加工指令 G32 加工螺纹时，一般要在螺纹两端设置进刀距离与退刀距离。

190. （   ）切断刀安装时应将主刀刃应略高于主轴中心。

191. （   ）FANUC 数控系统 G74 端面槽加工指令可用于钻孔。

192. （   ）标准麻花钻顶角一般为 118°。

193. （   ）扩孔能提高孔的位置精度。

194. （   ）车削内孔采用主偏角较小的车刀有利于减小振动。

195. （   ）尾座轴线偏移，打中心孔时不会受影响。

196. （   ）钟式百分表（千分表）测杆轴线与被测工件表面必须垂直，否则会产生测量误差。

197. （   ）选用公差带时，应按常用、优先、一般公差带的顺序选取。

198. （   ）孔公差带代号 F8 中 F 确定了孔公差带的位置。

199. （   ）数控系统出现故障后，如果了解故障的全过程并确认通电对系统无危险时，就可通电进行观察、检查故障。

200. （   ）数控机床数控部分出现故障死机后，操作人员应关掉电源后再重新开机，然后执行程序即可。

数控车工职业技能鉴定中级理论知识模拟试卷（样卷）
参考答案

一、单项选择题

1. A	2. B	3. C	4. C	5. D	6. A	7. D
8. B	9. B	10. A	11. D	12. D	13. A	14. D
15. A	16. D	17. B	18. C	19. A	20. C	21. D

22. B	23. D	24. B	25. A	26. C	27. D	28. B
29. C	30. C	31. D	32. B	33. B	34. A	35. B
36. C	37. B	38. B	39. C	40. A	41. C	42. B
43. C	44. B	45. C	46. D	47. D	48. A	49. D
50. B	51. D	52. A	53. A	54. D	55. A	56. B
57. C	58. B	59. C	60. D	61. D	62. C	63. A
64. C	65. B	66. A	67. C	68. A	69. B	70. A
71. C	72. B	73. B	74. A	75. B	76. D	77. B
78. A	79. D	80. C	81. D	82. A	83. D	84. B
85. A	86. B	87. D	88. A	89. A	90. B	91. B
92. B	93. D	94. A	95. A	96. B	97. C	98. B
99. A	100. B	101. B	102. B	103. D	104. D	105. B
106. B	107. B	108. C	109. C	110. A	111. B	112. D
113. A	114. C	115. B	116. C	117. D	118. C	119. D
120. B	121. D	122. B	123. B	124. D	125. B	126. D
127. A	128. B	129. A	130. B	131. C	132. B	133. C
134. D	135. D	136. B	137. A	138. D	139. D	140. C
141. D	142. B	143. C	144. A	145. D	146. B	147. B
148. A	149. A	150. C	151. B	152. D	153. C	154. B
155. A	156. D	157. A	158. A	159. A	160. C	

二、判断题

161. ×	162. √	163. √	164. √	165. √	166. √	167. √
168. ×	169. √	170. ×	171. ×	172. √	173. √	174. √
175. √	176. ×	177. ×	178. √	179. √	180. √	181. √
182. √	183. √	184. √	185. ×	186. √	187. √	188. ×
189. √	190. ×	191. √	192. √	193. ×	194. ×	195. ×
196. √	197. ×	198. √	199. √	200. ×		

附录 3 数控车工职业技能鉴定中级操作技能考核模拟试题

考核题 1

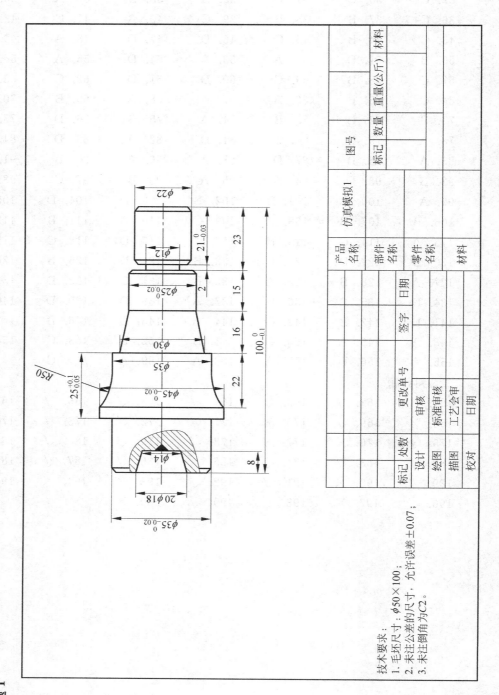

技术要求：
1. 毛坯尺寸：$\phi50\times100$；
2. 未注公差的尺寸，允许误差±0.07；
3. 未注倒角为C2。

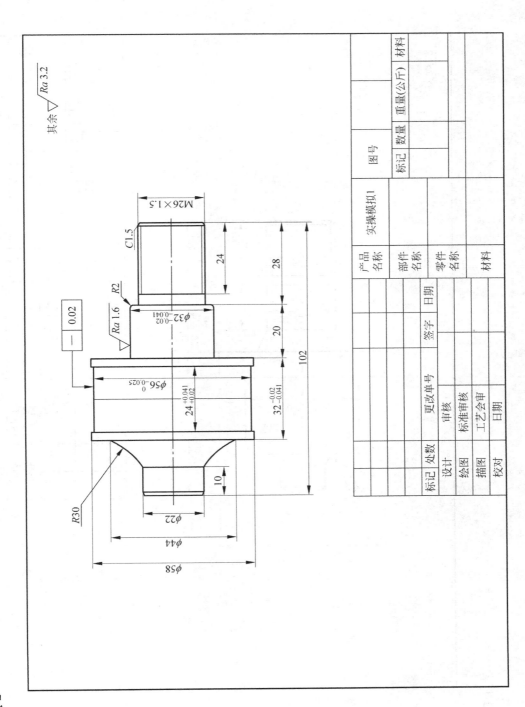

考核题 2

考核题 3

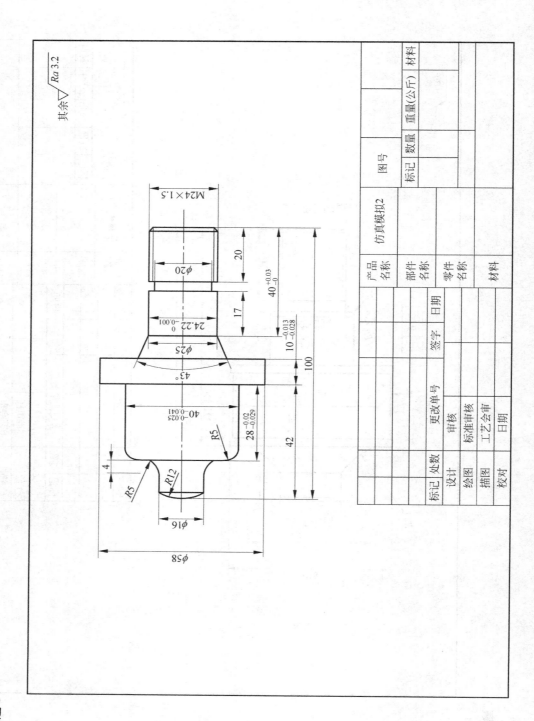

考核题 4

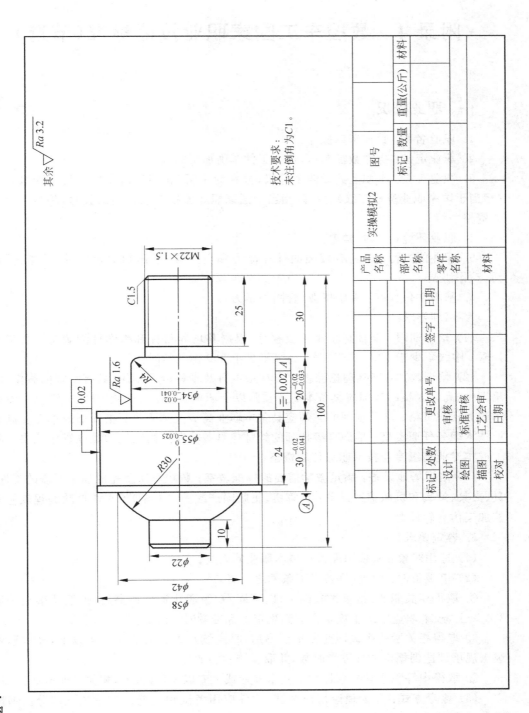

其余 $\sqrt{Ra\,3.2}$

技术要求：
未注倒角为C1。

产品名称	实操模拟2		图号		材料
部件名称				数量	
零件名称				重量(公斤)	
材料			标记		

附录 4　数控车工国家职业技能标准(节选)

一、职业概况

1. 职业名称:数控车床操作工。

2. 职业定义:操作数控车床,进行工件车削加工的人员。

3. 职业等级:本职业共设四个等级,分别为中级(相当于国家职业资格四级)、高级(相当于国家职业资格三级)、技师(相当于国家职业资格二级)、高级技师(相当于国家职业资格一级)。

4. 职业环境:室内、常温。

5. 职业能力特征:具有较强的计算能力和空间感、形体知觉及色觉,手指、手臂灵活,动作协调。

6. 基本文化程度:高中毕业(含同等学力)。

7. 培训要求。

(1) 培训期限:全日制职业学校教育,根据其培养目标和教学计划确定。晋级培训期限:中级不少于 400 标准学时;高级不少于 300 标准学时。

(2) 培训教师:基础理论课教师应具备本科及本科以上学历,具有一定的教学经验;培训中、高级人员的教师应具备本职业技师以上职业资格证书或本专业中级以上专业技术职务任职资格;培训技师的教师应具备本职业高级技师职业资格证书或本专业高级专业技术职务任职资格;培训高级技师的教师应具备本职业高级技师职业资格证书 2 年以上或本专业高级专业技术职务任职资格。

(3) 培训场地设备:满足教学需要的标准教室;数控车床及完成加工所需的工件、刀具、夹具、量具和机床辅助设备;计算机、正版国产或进口 CAD/CAM 自动编程软件和数控加工仿真软件等。

8. 鉴定要求。

(1) 适用对象:从事和准备从事本职业的人员。

(2) 申报条件:中级(具备以下条件之一者)。

① 取得相关职业(指车、铣、镗工,以下同)初级职业资格证书后,连续从事相关职业 3 年以上,经本职业中级正规培训达到规定的标准学时,并取得毕(结)业证书。

② 取得相关职业中级职业资格证书后,且连续从事相关职业 1 年以上,经本职业中级正规培训达到规定的标准学时数,并取得毕(结)业证书。

③ 取得中等职业学校数控加工技术专业或大专以上(含大专)相关专业毕业证书。

(3) 鉴定方式:分为理论知识考试、软件应用考试和技能操作考核三部分。理论知识考试采用闭卷笔试方式。软件应用考试采用上机操作方式,根据考题的要求,完成零件的几何造型、加工参数设置、刀具路径与加工轨迹的生成、代码生成与后置处理和数控加工仿真。技能操作考核在配置数控车床的现场采用实际操作方式,按图纸要求完成试件加工。

(4)考评员和考生的配备:理论知识考核每标准考场配备两名监考员;技能考试每台设备配备两名监考人员;每次鉴定组成3~5人的考评小组。

(5)成绩评定:由考评小组负责,三项考试均采用百分制,皆达到60分以上者为合格。理论知识与软件应用由考评员根据评分标准统一阅卷、评分与计分。操作技能的成绩由现场操作规范和试件加工质量两部分组成,其中操作规范成绩根据现场实际操作表现,按照评分标准,依据考评员的现场纪录,由考评小组集体评判成绩;试件质量依据评分标准,根据检测设备的实际检测结果,进行客观评判、计分。

(6)鉴定时间:各等级理论知识考试和软件应用考试时间均为120min;各等级技能操作考核时间:中级不少于300min;高级不少于360min;技师不少于420min;高级技师不少于240min。

(7)鉴定场所、设备:理论知识考试在标准教室进行;软件应用考试在标准机房进行,使用正版国产或进口CAD/CAM自动编程软件和数控加工仿真软件;技能操作考核设备为数控车床、工件、夹具、量具、刀具、机床附件及计算机等必备仪器设备,具体技术指标可参考如下要求。

① 数控车床技术指标要求。

项　　目	参　　数
床身上最大工件回转直径	≥200mm
最大工件长度	≥500mm
主轴转速范围,无级变速	≥50r/min
定位精度	X:0.025mm Z:0.03mm(GB/T 16462—1996)
重复定位精度	X:0.008mm Z:0.01mm(GB/T 16462—1996)
回转刀架工位数	≥4

② 切削刀具。

每台数控车床配备6把以上相应刀具和规定数量的刀片,部分刀具为焊接刀具,要求自行刃磨。

③ 测量工具。

每台数控车床配备检验试件加工精度和表面粗糙度所需的量具。

二、基本要求

1. 职业道德

(1)职业道德基本知识

(2)职业守则

① 爱岗敬业,忠于职守。

② 努力钻研业务,刻苦学习,勤于思考,善于观察。

③ 工作认真负责,严于律己,吃苦耐劳。

④ 遵守操作规程，坚持安全生产。

⑤ 着装整洁，爱护设备，保持工作环境的清洁有序，做到文明生产。

2. 基础知识

（1）数控应用技术基础

① 数控原理与机床基本知识（组成结构、插补原理、控制原理、伺服原理等）。

② 数控编程技术（含手工编程和自动编程，内容包括程序格式、指令代码、子程序、固定循环、宏程序等）。

③ CAD/CAM 软件使用方法（零件几何造型、刀具轨迹生成、后置处理等）。

④ 机械加工工艺原理（切削工艺、切削用量、夹具选择和使用、刀具的选择等）。

（2）安全文明生产与环境保护

① 安全操作规程。

② 事故防范、应变措施及记录。

③ 环境保护（车间粉尘、噪音、强光、有害气体的防范）。

（3）质量管理

① 企业的质量方针。

② 岗位的质量要求。

③ 岗位的质量保证措施与责任。

（4）相关法律、法规知识

① 劳动法相关知识。

② 合同法相关知识。

三、工作要求

本标准以国家职业技能标准《车工》中关于数控中级工、高级工、技师、高级技师的工作要求为基础，以国家高技能人才培训工程——数控工艺培训考核大纲和职业院校数控技术应用专业领域技能型紧缺人才培养培训指导方案为补充，适当增加新技术、新技能等相关知识形成。各等级的知识和技能要求依次递进，高级别包括低级别的要求。

四级/中级工

职业功能	工作内容	技 能 要 求	相 关 知 识
一、工艺准备	（一）读图与绘图	1. 能读懂主轴、蜗杆、丝杠、偏心轴、两拐曲轴、齿轮等中等复杂程度的零件工作图； 2. 能读懂零件的材料、尺寸公差、形位公差、表面粗糙度及其他技术要求； 3. 能手工绘制轴、套、螺钉、圆锥体等简单零件的工作图； 4. 能读懂车床主轴、刀架、尾座等简单机构的装配图； 5. 能用 CAD 软件绘制简单零件的工作图	1. 复杂零件的表达方法； 2. 零件材料、尺寸公差、形位公差、表面粗糙度等的基本知识； 3. 简单零件工作图的画法； 4. 简单机构装配图的画法； 5. 计算机绘制简单零件工作图的基本方法

续表

职业功能	工作内容	技 能 要 求	相 关 知 识
一、工艺准备	（二）制定加工工艺	1. 能正确选择加工零件的工艺基准； 2. 能决定工步顺序、工步内容及切削参数； 3. 能编制台阶轴类和法兰盘盖类零件的车削工艺卡	1. 数控车床的结构特点及其与普通车床的区别； 2. 台阶轴类、法兰盘盖类零件的车削加工工艺知识； 3. 数控车床工艺编制方法
	（三）工件定位与夹紧	使用、调整三爪自定心卡盘、尾座顶尖及液压高速动力卡盘并配置软爪	1. 定位、夹紧的原理及方法； 2. 三爪自定心卡盘、尾座顶尖及液压高速动力卡盘的使用、调整方法
	（四）刀具准备	1. 能依据加工工艺卡选取合理刀具； 2. 能在刀架上正确装卸刀具； 3. 能正确进行机内与机外对刀； 4. 能确定有关切削参数	1. 数控车床刀具的种类、结构、特点及适用范围； 2. 数控车床对刀具的要求； 3. 机内与机外对刀的方法； 4. 车削刀具的选用原则
二、编程技术	（一）手工编程	1. 正确运用数控系统的指令代码,编制带有台阶、内外圆柱面、锥面、螺纹、沟槽等轴类、法兰盘类中等复杂程度零件的加工程序； 2. 能手工编制含直线插补、圆弧插补二维轮廓的加工程序	1. 几何图形中直线与直线、直线与圆弧、圆弧与圆弧的交点的计算方法； 2. 机床坐标系及工件坐标系的概念； 3. 直线插补与圆弧插补的意义及坐标尺寸的计算； 4. 手工编程的各种功能代码及基本代码的使用方法； 5. 刀具补偿的作用及计算方法
	（二）自动编程	CAD/CAM软件编制中等复杂程度零件程序,包括粗车、精车、打孔、换刀等程序	1. CAD线框造型和编辑； 2. 刀具定义； 3. CAM粗精、切槽、打孔编程； 4. 能够解读及修改软件的后置配置,并生成代码
	（三）数控加工仿真	1. 数控仿真软件基本操作和显示操作； 2. 仿真软件模拟装夹、刀具准备、输入加工代码、加工参数设置； 3. 模拟数控系统面板的操作； 4. 模拟机床面板操作； 5. 实施仿真加工过程以及加工代码检查； 6. 利用仿真软件手工编程	1. 常见数控系统面板操作和使用知识； 2. 常见机床面板操作方法和使用知识； 3. 三维图形软件的显示操作技术； 4. 数控加工手工编程

续表

职业功能	工作内容	技 能 要 求	相 关 知 识
三、基本操作与维护	（一）基本操作	1. 能正确阅读数控车床操作说明书； 2. 能按照操作规程启动及停止机床； 3. 能正确使用操作面板上的各种功能键； 4. 能通过操作面板手动输入加工程序及有关参数，能进行机外程序传输； 5. 能进行程序的编辑、修改； 6. 能设定工件坐标系； 7. 能正确调入调出所选刀具； 8. 能正确修正刀补参数； 9. 能使用程序试运行、分段运行及自动运行等切削运行方式； 10. 能进行加工程序试切削并做出正确判断； 11. 能正确使用程序图形显示、再启动功能； 12. 能正确操作机床完成简单零件外圆、孔、台阶、沟槽等加工	1. 数控车床操作说明书； 2. 操作面板的使用方法； 3. 手工输入程序的方法及外部计算机自动输入加工程序的方法； 4. 程序的编辑与修改方法； 5. 机床坐标系与工件坐标系的含义及其关系； 6. 相对坐标系、绝对坐标系的含义； 7. 程序试切削方法； 8. 程序各种运行方式的操作方法； 9. 程序图形显示、再启动功能的操作方法
	（二）日常维护	1. 能进行加工前机、电、气、液、开关等常规检查； 2. 能在加工完毕后，清理机床及周围环境； 3. 能进行数控车床的日常保养	1. 数控车床安全操作规程； 2. 日常保养的方法与内容
四、工件加工	（一）盘、轴类零件	能加工盘、轴类零件，并达到以下要求。 1. 尺寸公差等级：IT7； 2. 形位公差等级：IT8； 3. 表面粗糙度：$Ra3.2\mu m$	1. 内外径的车削加工方法与测量方法； 2. 孔加工方法
	（二）等节距螺纹加工	能加工单线和多线等节距的普通三角螺纹、T 型螺纹、锥螺纹，并达到以下要求。 1. 尺寸公差等级：IT7； 2. 形位公差等级：IT8； 3. 表面粗糙度：$Ra3.2\mu m$	1. 常用螺纹的车削加工方法； 2. 螺纹加工中的参数计算
	（三）沟槽加工	能加工内径槽、外径槽和端面槽，并达到以下要求。 1. 尺寸公差等级：IT8； 2. 形位公差等级：IT8； 3. 表面粗糙度：$Ra3.2\mu m$	内径槽、外径槽和端面槽的加工方法

续表

职业功能	工作内容	技能要求	相关知识
五、精度检验	(一)高精度轴向尺寸测量	1. 能用量块和百分表测量零件的轴向尺寸; 2. 能测量偏心距及两平行非整圆孔的孔距	1. 量块的用途及使用方法; 2. 偏心距的检测方法; 3. 两平行非整圆孔孔距的检测方法
	(二)内外圆锥检验	能用正弦规检验锥度	正弦规的使用方法及测量计算方法
	(三)等节距螺纹检验	能进行单线和多线等节距螺纹的检验	单线和多线等节距螺纹的检验方法

四、比重表

1. 理论知识

项　　目		中级	高级	技师	高级技师
基本要求	一、职业道德	5	5		
	二、基础知识	25	15		
相关知识	一、工艺准备	20	25		
	二、编制程序	20	25		
	三、机床维护	5	5		
	四、工件加工	15	15		
	五、精度检验	10	10		
	六、培训指导				
	七、管理工作				
合计		100	100		

2. 技能操作

项　　目		中级	高级	技师	高级技师
工作要求	一、工艺准备	10	10		
	二、编制程序	15	20		
	三、机床维护	10	5		
	四、工件加工	60	60		
	五、精度检验	5	5		
合计		100	100		